普通高等医学院校药学类专业第二轮教材

U0160362

物理化学实验指导

（第 2 版）

（供药学类专业用）

主　编　程　艳　苑　娟

副主编　邓月义　李　森　惠华英

编　者（以姓氏笔画为序）

王海波（中国人民解放军空军军医大学）

邓月义（桂林医学院）

邢爱萍（河南中医药大学）

李　森（哈尔滨医科大学）

陈春丽（新疆医科大学）

苑　娟（河南中医药大学）

钱　坤（江西中医药大学）

徐红纳（牡丹江医学院）

郭慧卿（内蒙古医科大学）

惠华英（湖南中医药大学）

程　艳（牡丹江医学院）

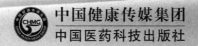
中国健康传媒集团
中国医药科技出版社

内 容 提 要

　　本教材是"普通高等医学院校药学类专业第二轮教材"之一，根据高等医学院校药学类专业教学需要，保证药学教育教学适应医药卫生事业发展要求编写而成。全书共分三部分，包括绪论、实验内容、常用仪器使用，涉及物理化学基本操作技能的训练、基本理论知识的验证和一些综合性提高训练及数据处理技术。

　　本书适合全国高等院校药学类及相关专业实验教学使用。

图书在版编目（CIP）数据

物理化学实验指导/程艳，苑娟主编 . —2 版 . —北京：中国医药科技出版社，2024.4
普通高等医学院校药学类专业第二轮教材
ISBN 978 - 7 - 5214 - 4581 - 7

Ⅰ.①物… Ⅱ.①程… 苑… Ⅲ.①物理化学 - 化学实验 - 医学院校 - 教学参考资料 Ⅳ.①O64 - 33

中国国家版本馆 CIP 数据核字（2024）第 085244 号

美术编辑　　陈君杞
版式设计　　友全图文

出版　　**中国健康传媒集团** | 中国医药科技出版社
地址　　北京市海淀区文慧园北路甲 22 号
邮编　　100082
电话　　发行：010 - 62227427　邮购：010 - 62236938
网址　　www.cmstp.com
规格　　787 × 1092mm $\frac{1}{16}$
印张　　7
字数　　176 千字
初版　　2016 年 2 月第 1 版
版次　　2024 年 4 月第 2 版
印次　　2024 年 4 月第 1 次印刷
印刷　　北京京华铭诚工贸有限公司
经销　　全国各地新华书店
书号　　ISBN 978 - 7 - 5214 - 4581 - 7
定价　　**39.00 元**

获取新书信息、投稿、
为图书纠错，请扫码
联系我们。

前言

物理化学实验是高等医学院校药学类专业实验教学体系中的重要组成部分，是物理化学理论课程的延伸。物理化学实验课程旨在巩固和加深学生对物理化学理论课基本原理的理解。该课程能够培养学生运用化学中基本的物理方法，训练学生的实验技能，掌握实验测试技术，培养其科学思维和分析、解决实际问题的能力，引导学生建立科学的世界观和方法论等，同时也为后续专业课学习及科研创新奠定重要基础。

加快推进教育高质量发展，是党的二十大会议对教育提出的根本要求。为了适应高等医学院校药学类本科教育高质量发展的要求，满足高等医学院校药学类专业教学需要，全体编者结合多年的教学实践经验，完成了《物理化学实验指导》（第2版）的修订与编写。本次修订在借鉴和参考相关院校教学经验的基础上，对上一版实验教材中实验方法、实验操作步骤、检测技术、实验装置等方面进行补充和更新，力求实验原理简明、方法可靠、结果准确。

本教材共分为三个部分：①绪论，主要介绍物理化学实验课程的目的和要求、实验室安全知识、物理化学实验中的误差和有效数字，以及实验数据的表示与处理等；②实验内容，选择了现行教学中有普适性、有代表性、较成熟的26个实验（包括验证性实验和综合性实验），兼顾到热力学、动力学、电化学、相平衡、表面现象与胶体等方面；③常用仪器使用，简述了实验中用到的部分仪器的原理及使用方法。

本教材具体编写分工：程艳编写绪论与实验3、5、14；邓月义编写实验1、2、25；苑娟编写实验4、18、26与常用仪器使用；郭慧卿编写实验6、8；邢爱萍编写实验7、20；李森编写实验9、15、16；惠华英编写实验10、19；徐红纳编写实验11、21与附录；钱坤编写实验12、23；王海波编写实验13、17；陈春丽编写实验22、24。

本教材供高等院校药学类专业使用，也可供其他从事物理化学实验工作的有关人员参考。

由于编者水平所限，书中难免存在不妥之处，恳切希望广大读者批评指正，以便更正和提高。

编　者
2023 年 12 月

第一章

绪　论

物理化学实验是借助物理学的原理、技术和仪器，运用数学运算工具来研究物质的物理化学性质和化学反应规律的一门学科。它是在无机化学实验、有机化学实验、分析化学实验基础上的进一步提升，是化学领域中各分支所需的基本实验工具和研究方法的综合。因而物理化学实验在物理化学乃至整个化学学科中都占有十分重要的地位。

物理化学实验有两大特点。第一，物理化学实验主要借助仪器对某一个物理化学性质进行测定，进而研究化学问题，使用仪器的能力在物理化学实验中是十分重要的。随着实验技术不断的更新和发展，实验仪器的性能朝着快速、准确、便捷的方向发展，因此物理化学实验的手段和方法也必然不断更新、不断发展。第二，物质的物理化学性质往往是通过间接方法测量的，测量结果常需利用数学的方法进行整理和综合运算，因此物理化学实验具有培养学生综合实验能力和科学研究能力的特点。

物理化学实验教学的任务就是通过严格的、定量的实验，研究物质的物理化学性质和化学反应规律，使学生既要具备坚实的实验基础，又要具有初步的研究能力，实现学生由学习知识技能到进行科学研究的初步转变。

一、物理化学实验课程的目的和要求

（一）物理化学实验课程的目的

（1）掌握物理化学实验的基本研究方法、实验操作技术以及常用实验仪器的使用方法，培养学生的动手能力。

（2）通过实验操作、观察现象和数据处理，锻炼学生分析问题、解决问题的能力，培养实事求是的科学态度，培养严肃认真、一丝不苟的工作作风。

（3）加深对物理化学基本理论和基本概念的理解，给学生提供理论联系实际、理论应用于实践的机会。

为提高学生的创新能力，物理化学实验教学在重视知识技能训练的同时，更要重视学生研究能力的培养，要把教学过程和研究过程很好地结合起来。通过包括热力学、动力学、相平衡、电化学和胶体等分支的典型实验，让学生掌握相应的研究方法、实验技术和仪器使用，通过实验操作训练这一中心环节，为培养能力打好基础。

（二）物理化学实验基本要求

1. 实验预习　实验前，学生应必须仔细阅读实验教材，明确实验目的和要求，掌握实验所依据的基本原理和实验方法，明确实验条件及操作步骤等。在此基础上，写出预习报告。预习报告应包括实验名称、实验基本原理、仪器和药品、实验操作计划、实验注意事项、实验数据记录表格、提出预习中的问题等。

2. 实验操作 学生要严格遵守实验室的各项规章制度,严格执行操作规程,不可盲动。实验操作前首先要检查仪器、药品、用品等是否齐全、合格,若有问题,立即报告。然后洗涤器皿,按照实验要求安装和调试实验设施,按计划进行实验操作。在实验操作中要严格控制好实验条件,仔细观察和分析实验现象,客观、正确地记录原始数据。

做好实验记录,是从事科学研究的一项基础训练。原始数据要记录在预先准备好的专用本上,书写要整齐,字迹要清楚,文字要简练明确,不能随意涂改数据。如经重复实验发现某个数据确有问题,应用笔轻轻地圈去,并注明原因。在实验过程中,实验者必须养成一边实验一边记录的习惯,不允许事后凭记忆补写或以零星纸条暂记再转抄。记录的内容应包括实验的全部过程(如加入药品的数量、仪器装置),每一步骤操作时间、内容及所观察到的现象。若操作步骤与教材不一致时,要按实际情况记录清楚,以作为总结讨论的依据。

学生在实验中要勤于动手和动脑,掌握实验要领和技能。实验过程是培养学生动手能力和科研素质的有效途径之一。实验结束后要整理和清洁实验所用的仪器、药品和其他用品,做好仪器使用记录,在实验指导教师审查实验数据、验收实验仪器和用品后,方能离开实验室。在实验中若有仪器和用品破损,应报告指导教师予以登记更换。

3. 实验报告 学生应在规定的时间内独立完成实验报告,及时送指导教师批阅。一般的实验报告应包括以下几项内容。

(1)实验目的 简要说明实验的目的。

(2)实验原理 简述实验的有关基本原理和主要化学反应方程式。

(3)实验步骤 简单、清晰、明了地表示实验步骤。切忌照抄书本。

(4)数据记录 要仔细详实,不允许主观臆造或抄袭他人数据,也不允许修改数据。

(5)数据处理 对实验现象加以简明解释,写出主要反应方程式,分标题小结并得出结论。数据计算要准确,图中实验点要清晰、准确。有效数字的位数要与实验的精度吻合。

(6)实验讨论 针对实验中遇到的问题,提出自己的见解。对于定量实验应分析实验误差产生的原因。

二、物理化学实验中的安全防护

在化学实验室里,安全是非常重要的。化学实验必需的试剂与仪器常潜伏着诸如着火、爆炸、中毒、灼伤、割伤、触电等安全隐患,如何防止事故的发生以及如何急救、处置,是每一个化学实验工作者都必须具备的常识。这些内容在之前开设的无机化学实验、分析化学实验等化学实验课中均已反复做了介绍。现结合物理化学实验的特点做如下介绍。

1. 安全用电 违章用电常常可能造成仪器设备损坏、火灾甚至人身伤亡等严重事故。物理化学实验室使用电器较多,要特别注意用电安全。主要应注意以下几点。

(1)使用仪器前要根据仪器标牌上所提供的技术数据正确选用电源(如交流、直流、220V、高压电源、低压电源等)。接线要正确牢固。

(2)操作仪器时,手要保持干燥,切忌用手触摸电源。如有人触电,首先应迅速关闭电源,然后进行抢救。

(3)要严格按照说明书使用仪器仪表,没有特殊情况,应避免在使用过程中拔插电源。

（4）安装和拆除接线的操作一定要在断电状态下进行，以防触电和电器短路。

（5）实验室内若有氢气、煤气等易燃易爆气体，应避免产生电火花。继电器工作时，电器接触点接触不良时及开关电闸时易产生电火花，要特别小心。

（6）实验结束后，应关闭仪器电源，并且关闭仪器接线插座上的电源开关。

（7）仪器使用过程中如果发现异常（如不正常声响、局部温度升高或嗅到焦味），应立即切断电源，并报告教师进行检查。

（8）如遇电线起火，应立即切断电源，用沙土、二氧化碳或四氯化碳灭火器灭火，切勿用水或导电的酸碱泡沫灭火器灭火。

2. 安全使用化学试剂　化学药品使用安全主要有防毒、防爆、防火、防灼伤四个方面。

（1）**防毒**　化学试剂大多数存在不同程度的毒性，其毒性可以通过呼吸道、消化道、皮肤等进入体内。防毒的关键是尽量减少或杜绝直接接触化学试剂。实验前应了解所用药品的毒性、性能和相关的防毒保护措施。操作有毒性的化学药品应在通风橱内进行，避免与皮肤接触。不要在实验室内喝水、吃食物，饮具、餐具不能带入实验室，离开实验室时要洗净双手。

（2）**防爆**　可燃性气体与空气混合物在实验室中达到爆炸极限浓度时，就可能引起爆炸，因而实验室内要尽量减少可燃性气体的挥发，同时要保持实验室良好的通风。当实验室内有可燃性气体时，应禁止使用明火，防止电火花产生。有些固体试剂如高价态氧化物、过氧化物等受热或撞击时容易引起爆炸，使用时应按要求进行操作。实验室使用高压容器如氧气、氮气、氢气、二氧化碳钢瓶，必须在教师指导下使用。

（3）**防火**　实验室防火主要有两方面。第一，防止电器设备或带电系统着火，所以用电一定要按规定操作。第二，防止化学试剂着火。许多有机试剂（如乙醚、丙酮等）属易燃品，使用这些试剂时实验室内不能有明火、电火花等。

实验室一旦发生火灾，应首先切断电源，根据情况选择不同的灭火器进行灭火。以下几种情况不能用水灭火。

①有金属钠、钾、镁、铝粉、过氧化钠等时，应用沙土灭火。

②密度比水小的易燃液体着火，采用泡沫灭火器。

③电器设备或带电系统着火，用二氧化碳或四氯化碳灭火器灭火。

④有灼烧的金属或熔融物的地方着火时，应用沙土或干粉灭火器。

（4）**防灼伤**　强酸、强碱、强氧化剂、溴、苯酚、冰醋酸等都会灼伤或腐蚀皮肤，尤其要防止溅入眼睛，使用时除了要有适当的防护措施外，一定要按规定操作。使用电炉、烘箱、干冰、液氮等时，要按照规定操作，避免高温灼伤和低温冻伤。

3. 防止环境污染　由于化学试剂大多具有一定的毒性，随意排放会造成环境污染。实验后的药品要尽量回收，不能回收的按要求进行处理，符合环保要求后才能排放。

4. 汞的安全使用　由于汞在物理化学实验室中的应用很普遍，如气压计、水银温度计、U 形汞压差计以及含汞电极等都要用到汞。汞蒸气的最大安全浓度为 0.1mg/m^3，然而汞在常温下可挥发出的蒸气浓度超过安全浓度的 100 倍。汞蒸气可通过呼吸或皮肤直接吸收而使人体中毒，所以防止汞污染尤为重要。

使用汞时，应注意不要将汞直接暴露于空气中，在 U 形汞压差计等汞面上应加盖一层水或其他液体，尽量避免直接暴露于空气中而使汞蒸气外逸。盛汞的容器应有足够的机械强度，以免容器破裂。在实验中要尽量避免因水银温度计、U 形汞压差计以及含汞电极的人为损坏而造成汞污染。若有汞掉落在桌上或地面上时，应用吸汞管尽可能地将汞珠收集起来，然后用硫黄粉覆盖在汞掉落的地方，并摩擦使之生成 HgS，也可用 KMnO₄ 溶液使其氧化。使用汞的实验室应有良好的通风设备。手上若有伤口，切勿接触汞。

三、物理化学实验中的误差

人们对某一客观事物测量时，是通过一系列步骤来获取物质信息的。但是在实际过程中，即使采用最可靠的手段、最精密的仪器，由技术很熟练的分析人员进行测定，也不可能得到准确的结果。同一个人在相同的条件下对同一样品进行多次测定，所得到的结果也不完全相同。这说明在实验过程中，误差是客观存在的。因此，应该了解分析过程中产生误差的原因及误差出现的规律，以便采取相应的措施减少误差，并对所得到的数据进行归纳、取舍等一系列分析处理，使测定的结果尽可能接近客观真实值。

（一）误差分类

误差按其性质可分为系统误差、偶然误差和过失误差。

1. 系统误差　系统误差是由于某种特殊原因引起的误差。它对测量结果的影响是固定的或是有规律的。它使测量结果总是偏向一方，即总是偏大或偏小。测量次数的增加并不能使之消除。系统误差按产生原因可分类如下。

（1）仪器误差　这是由于仪器结构上的缺陷引起的。如天平砝码不准确，气压计的真空度不够，仪器的精度不够等。

（2）试剂误差　这是在化学实验中，所用试剂纯度不够而引起的误差。在某些情况下，试剂所含杂质可能给实验结果带来严重的影响。

（3）方法误差　这是由于实验方法的理论依据有缺陷而引起的误差。例如，根据理想气体状态方程测定气体相对分子质量时，由于实际气体对理想气体的偏差，使所求得的相对分子质量有误差。只有用多种方法测得的同一数据一致时，才可认为方法误差已基本消除。如元素相对原子质量总是用多种方法测定而确定。

（4）主观误差　这是由于观测者的习惯和特点引起的误差。如记录某一信号的时间总是提前或滞后，读取仪表时眼睛位置总是偏向一边，判定滴定终点的颜色不同等。

（5）环境误差　这是由于实验过程中外界温度、压力、湿度等变化所引起的误差。例如，使用恒温槽可以减小由于环境温度变化所引起的误差，但事实上恒温槽的温度并不非常准确，要完全消除环境温度的影响是做不到的。同样，完全消除环境压强、湿度等影响也是不可能的。

系统误差影响了测量结果的准确程度。系统误差的数值有时比较大。只有消除系统误差的影响，才能有效地提高测量的精确度。采用几种不同的实验技术或采用不同的实验方法，或改变实验条件、调换仪器、提高化学试剂的纯度等，可确定有无系统误差的存在，并没法消除或使之减少。单凭一种方法所得的结果往往不是十分可靠的，只有不同的实验者用不同的方法和不同的仪器得到相符的数据，才能认为系统误差基本消除。

2. 偶然误差（随机误差）　在实验时，即使采用了最先进的仪器，选择了最恰当的方法，经过十分精细的测定消除了系统误差，但在同一条件下对一个物理量进行重复测量时，所测得的数据也不可能每次都相同，数据的末一位或末二位数字仍会有差异，即存在着一定的误差。这种误差称为偶然误差。偶然误差是由测量过程中一系列偶然因素（实验者不能严格控制的因素，如外界条件、实验者心理状态、仪器结构不稳定等）引起的。偶然误差在测量时不可能消除或估计出来，但是它服从统计规律。实践经验和概率论都证明，在相同条件下，多次测量同一个物理量，当测量次数足够多时，出现数值相等、符号相反的数值的几率近乎相等。通过增加测量次数，可使偶然误差减小到某种需要的程度。偶然误差决定测量结果的精密度。

3. 过失误差 过失误差是由于实验者的过失或错误引起的误差，如读数错误、计算错误、记录写错等。含有过失误差的测量值一律剔除。过失误差无规律可循，只要工作仔细，加强责任心就可以避免。防止过失误差还可以用校核法，即用别的方法或仪器对测量值进行近似测量，以判断正式测量的数据是否合理。

系统误差与偶然误差之间虽有着本质的不同，但在一定条件它们可以互相转化。实际上，我们常把某些具有复杂规律的系统误差看作偶然误差，采用统计的方法来处理。不少系统误差的出现均带有随机性。例如，在用天平称量时，每个砝码都存在着大小不等的系统误差。这种系统误差的综合效果，对每次称量是不相同的，它具有很大的偶然性。因此，在这种情况下，我们也可把这种系统误差作为偶然误差来处理。

对按准确度划分等级的仪器来说，同一级别的仪器中，每个仪器具有的系统误差是随机的，或大或小、或正或负，彼此都不一样。如一批容量瓶中，每个容量瓶的系统误差不一定相同，它们之间的差别是随机的，这种误差属于偶然误差。当使用其中某一个容量瓶时，这种随机的偶然误差又转化为系统误差。我们可通过校核，确定其系统误差的大小。如不校核或未被发现，仍然当偶然误差处理也是常有之事。有时，系统误差与偶然误差的区分也取决于时间因素。在短时间内是基本不变的系统误差，但时间一长，则可能出现随机变化的偶然误差。

（二）测量的准确度与测量的精密度

准确度是指测量值 x 与真实值 μ 的接近程度，两者差值越小，则分析结果越准，准确度的高低用误差来衡量。误差可分为绝对误差和相对误差两种。

$$绝对误差 = 测量值(x) - 真实值(\mu)$$

$$相对误差 = \frac{绝对误差}{真实值} = \frac{x - \mu}{\mu} \times 100\%$$

相对误差表示误差在真实值中所占的比例，用其来比较在各种情况下测定结果的准确度比较合理。绝对误差和相对误差都有正值和负值，正值表示分析结果偏高，负值表示分析结果偏低。

但是在实际工作中，真实值 μ 常常是不知道的，因此我们无法求得其准确度，所以常用另一种方法——精密度来表示误差。这种方法是：在一定的条件下，对样品进行多次分析，求出分析结果之间的一致程度。精密度的高低可用偏差来衡量。偏差是指个别分析结果与几次分析结果的平均值的差别。与误差相似，偏差也有绝对偏差和相对偏差，个别分析结果（x_i）和平均值（$\bar{x}$）的差为绝对偏差（d_i），而绝对偏差在平均值中所占的百分率为相对偏差。

精密度是多次重复测量某一量值的离散度，或称为重复性，它是表征偶然误差大小的一个量。精密度通常用平均偏差、标准偏差或相对标准偏差来度量。

平均偏差：各次测量偏差绝对值的平均值。

$$\bar{d} = \frac{\sum |d_i|}{n}$$

其中，d_i 为测量值 x_i 与算术平均值 $\bar{x}$ 之差；n 为测量次数；且 $\bar{x} = \frac{\sum x_i}{n}$，$i = 1, 2 \cdots n$。

相对平均偏差：平均偏差与平均值的比值。

$$相对平均偏差 = \frac{\bar{d}}{\bar{x}} \times 100\%$$

用数理统计方法处理数据时，常用标准偏差和相对标准偏差来衡量测定结果的精密度。

标准偏差：当测量次数 $n < 20$ 时，单次测量的标准偏差公式为

$$S = \sqrt{\frac{\sum d_i^2}{n-1}}$$

平均偏差的优点是计算简便，但用这种偏差表示时，可能会把质量不高的测量掩盖住。标准偏差对一组测量中的较大偏差或较小偏差感觉比较灵敏，因此它是表示精密度的较好方法，在近代科学中多采用标准偏差。

相对标准偏差：$\qquad RSD = \frac{S}{\bar{x}} \times 100\%$

RSD 越小表示多次测定所得结果之间越接近。

准确度和精密度的关系是：精密度不高，则准确度一定不高；精密度高，准确度不一定高。但高精密度是保证高准确度的先决条件。

（三）测量结果的正确记录和有效数字

测量误差与正确记录测量结果紧密联系，由于测得的物理量或多或少都有误差，那么一个物理量的数值和数学上的数值就有着不同的意义。一个物理量的数值，不仅能反映出其数值的大小，而且还反映了实验方法和所用仪器的精确程度。如 $0.2 \sim 20.0 ℃$ 是用普通温度计测量，而 $0.02 \sim 20.00 ℃$ 则是用 1/10 精确度的温度计测量。可见物理量的每一位数都是有实际意义的。有效数字的位数表明了测量精度，它包括测量中的几位可靠数字和最后估计的一位可疑数字。有效数字的概念在记录、计算数据时很重要。下面对其表示方法、运算规则作简单介绍。

1. 有效数字的表示方法

（1）误差（绝对误差和相对误差）一般只有一位有效数字，至多不超过二位。

（2）任何一个物理量的数据，其有效数字的最后一位数在位数上与误差的最后一位对齐。如某物理量的测量值是 1.27，误差是 0.01，记为

$\qquad 1.27 \pm 0.01$ （正确）

$\qquad 1.27 \pm 0.1$ （错误，缩小了结果的精确度）

$\qquad 1.27 \pm 0.001$ （错误，扩大了结果的精确度）

如某物理量的测量值是 156，误差是 2，记成

$\qquad 156 \pm 2$（正确）

$\qquad 156.5 \pm 2$ 或 156.5 ± 2.0（错误）

（3）有效数字的位数是指从左边第一位不为零的数字至最后一位数字。与十进位制的变换无关，与小数点的位数无关。如下列四个数字中前三个都是四位有效数字：

$$1\,234 \qquad 0.1234 \qquad 0.0001234 \qquad 1\,234000$$

对中间两个数据，因表示小数位置的"0"不是有效数字，不难判断为四位有效数字，但最后一个数据其后面三个"0"究竟是表示有效数字，还是标志小数点位置，则无法判定。为了明确地表示有效数字，一般采用指数表示法，若把上面四个数字用指数表示为

$$1.234 \times 10^{3} \qquad 1.234 \times 10^{-1} \qquad 1.234 \times 10^{-4} \qquad 1.234 \times 10^{6}$$

$1\,2340$ 若写成 1.234×10^{4} 则表示四位有效数字，写成 1.2340×10^{4} 则表示五位有效数字。若某个物理量的第一位数值等于或大于 8，则有效数字的总位数可以多算一位，例如 9.15 虽然只有三位有效数字，但在运算时可以当作四位有效数字。计算平均值时，若有 4 个数或超过 4 个数相平均，则平均值的有效数字位数可增加一位。

（4）有效数字的位数越多，数值精确程度也越大，即相对误差就越小，如：

（1.35 ±0.01）表示三位有效数字，相对误差 0.7%。

（1.3500 ±0.0001）表示五位有效数字，相对误差 0.007%。

（5）任何一次直接测量值都要记到仪器刻度的最小估计读数，即记到第一位可疑数字。如用滴定管时，最小刻度数为 0.1ml，它的最后一位估读数要记到 0.01ml 或 0.02ml。

2. 有效数字的运算规则

（1）在舍弃不必要的数字时，应用"四舍六入五成双"原则，即：欲保留的末位有效数字的后面第一位数字为 4 或小于 4 时，则弃去；若为 6 或大于 6 时，则在前一位（即有效数字的末位）加上 1；若等于 5 时，如前一位数字为奇数，则加上 1（即成双），如前一位数字为偶数，则舍弃不计。

（2）在加减运算时，计算结果有效数字的末位的位置应与各项中绝对误差最大的一项相同，或者说保留各小数点后的数字位数应与最少者相同。例如 13.75、0.0084、1.642 三个数据相加，若各数末位都有 ± 1 个单位的误差，则 13.75 的绝对误差 0.01 为最大的，也就是小数点后位数最少的是 13.75 这个数，所以计算结果有效数字的末位应在小数点后第二位。

$$
\begin{array}{r}
13.7\underline{5} \\
0.008\underline{4} \\
+\,)\,1.642 \\
\end{array}
\qquad \xrightarrow{\text{舍去多余数后得}} \qquad
\begin{array}{r}
13.7\underline{5} \\
0.0\underline{1} \\
+\,)\,1.64 \\
\hline
15.4\underline{0} \\
\end{array}
$$

（3）乘除运算时，计算结果的有效数字位数以各值中有效数字位数最少的值为标准。

例如，$2.3 \times 0.524 = 1.2$，取和 2.3 相同的两位有效数字；$\dfrac{1.751 \times 0.0191}{91} = 3.68 \times 10^{-4}$ 中 91 的有效数字位数最少，但由于其第一位大于 8，所以应看作三位有效数字。

在复杂运算中，中间各步的有效数字位数可多保留一位，以免由于取舍引起误差的积累，影响结果的准确性。

（4）在作对数和指数运算时，对数中的首数不是有效数字，对数尾数的有效数字的位数应与真数的有效数字相同或多一位。

（5）在所有的计算中，常数 π、e 及乘子和某些取自手册的常数不受上述规则限制，可按需要取有效数字的位数。

四、物理化学实验中的数据处理

数据处理是物理化学实验中非常重要的一个环节，它可以考查学生对实验原理的理解程度，检验实验的准确性。物理化学实验数据处理的方法主要有四种：列表法、图解法、数学方程式法和计算机处理法。

（一）列表法

列表法的优点是：简单易作，变量间的关系明了。由于表中的数据已经过整理，有利于分析和阐明某些实验结果的规律性，可对实验结果方便地进行比较。

列表时应注意以下几点。

（1）表格要有表头。每一个表都应有简明而又完备的名称。

（2）行名与单位。在表的每一行或每一列的第一栏，要详细地写出变量的名称、单位。如表中某行表示时间的数值，则记为 t（s），若某行表示温度数值，则写为 T（K）等。

（3）记录的数据应注意有效数字，并将小数点对齐。如用指数表示，将指数公共的乘方因子放在开头一栏的量的名称中（或符号），并注明。

（4）自变量通常选较简单的变量如温度、时间、距离等，自变量应均匀地、等间隔地增加或递减。如果实际测定结果不是这样，可以先将直接数据作图，由图上读出自变量是均匀等间隔增加的一组新数据，再作表。

（5）原始数可与处理结果并列在一张表上，把处理方法和计算公式在表下注明。

（二）图解法

图解法能直观、简明地表现实验所测各数据间的相互关系，便于比较，且易显示数据中的最高点、最低点、转折点、周期性以及其他特性。此外，如图形做得足够准确，则不必知道变量间的数学关系式，便可对变数求微分或积分（作切线、求面积）等，可对数据进一步进行处理。总之，图解法的用途极为广泛。

1. 图解法的用途

（1）求内插值 根据实验所得的数据，作出函数间相互的关系曲线，然后找出与某函数相应的物理量的数值。

（2）求外推值 在某些情况下，测量数据间的线性关系可外推至测量范围以外，求某函数的极限值。但只有在充分确信所得结果可靠时，外推法才有实际价值。

（3）求函数的微商值 在所得曲线上选定某点，作出切线，计算斜率，即得该点微商值（图解微分法）。

（4）求某函数的积分值 求曲线下的面积即为函数积分值（图解积分法）。

（5）求函数的转折点和极值 这是图解法最大的优点之一，许多情况下都要用到它。

（6）求经验方程式 根据测量数据和变量间关系，求函数的解析式，作函数关系图形，以图形形式、变换变量，使图形直线化，得到新函数 y 和新变量 x 间的线性关系 $y = mx + b$。算出此直线的斜率 m 和截距 b 后，再换回原来的函数和自变量，即得原函数的解析式。

2. 作图的一般步骤及规则

（1）工具 在处理物理化学实验数据时，作图所需的工具主要有铅笔、直尺、曲线板、曲线尺、圆规等。铅笔应该削尖，才能使画出的线条清晰，画线时应该用直尺或曲线尺辅助，不能光用手描绘。直尺、曲线板等应该透明，这样才能全面地观察实验点的分布情况，画出合理的图。

（2）坐标纸和比例尺的选择　常用直角坐标纸，另外还有对数、双对数标纸和三角坐标纸。选用什么形式的坐标纸，要根据具体需要来确定。

在用直角坐标纸作图时，以自变量为横轴，因变量为纵轴，横轴与纵轴的读数不一定从零开始，视具体情况而定。坐标轴上比例尺的选择极为重要。由于比例尺的改变，曲线形状也将跟着改变，若选择不当，可使曲线的某些相当于极大、极小或转折点的特殊部分看不清楚，比例尺的选择应遵守下述规则：①要表示出全部有效数字，使图上读出的物理量的精确度与测量的精确度一致；②图纸每小格所对应的数值应便于迅速简便地读取和计算；③在上述条件下，要充分利用图纸的全部面积，使全图布局匀称合理；④如做出的图线是直线或接近直线的曲线，则比例尺的选择应使图的位置在对角线附近（其斜率近似等于1）。

（3）画坐标轴　选定比例尺后，画上坐标轴，并注明坐标所代表变量的名称和单位。如纵坐标变量名称是压强，符号是 p，其单位为 Pa；横坐标变量是温度的倒数，符号为 $1/T$，其单位为 $1/K$。坐标的零点不一定在原点，在纵轴之右面横轴的上面每隔一定距离写下该变量的对应数值，以便读数和作图。但不应将实验值写于坐标轴旁或代表点旁，横轴读数自左至右，纵轴自下而上。

（4）作代表点　代表点是将相当于测得数量的各点绘于图上，在点的周围画上圆圈、方块和其他符号，其面积的大小应代表测量的精确度。在一张图纸上如有数组不同的测量值时，各组测量值的代表点应用不同的符号表示，以示区别，并在图上注明。

（5）绘制曲线　在图上画好代表点后，按代表点分布情况，用曲线板或曲线尺做一光滑、均匀、细而清晰的曲线，表示代表点平均变动情况。不要求曲线全部通过各点，只要使点均匀地分布在曲线两侧附近即可，或者更准确地说，只要求所有代表点离开曲线距离的平方和为最小。若其中有一点偏离较远，最好将此点重测，如原测量确属无误，则应严格遵守上述原则正确绘线。在作图时也存在一定的作图误差，所以作图技术的好坏将影响实验结果的准确性。

（6）标明图注　曲线画好后，在图上写上清楚、完整的图名，说明主要的测量条件（如温度、压力等）和实验日期。如需对实验数据进一步处理，可在图上进行。例如，作曲线上某点的切线等。作切线求斜率，进而求经验方程式的常数是物理化学实验常用的方法。

作切线通常用下述两种方法。

①镜像法　若在曲线的指定点 Q 上作切线，可先作该点的法线，再作切线。方法是取一面平而薄的镜子，使镜面和曲线的交线通过 Q 点，以 Q 点为轴旋转镜子，直到镜外曲线与镜像中曲线成一光滑的曲线时，沿镜边缘画出的直线 AB 就是法线，通过 Q 作 AB 的垂线即为切线。如图 1-1（a）所示。

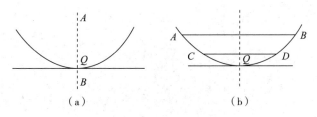

（a）　　　　　　　　　　（b）

图 1-1　作切线的方法

②平行线法　在所选择的曲线段上作两条平行线 *AB* 和 *CD*，作两线段中点的连线，交曲线于 *Q*，通过 *Q* 作与 *AB* 或 *CD* 相平行的直线，即为 *Q* 点的切线，如图 1－1（b）所示。

（三）方程式法

当一组实验数据用列表法或图形法表示后，常需要进一步用一个方程式或经验公式将变量关系表示出来。因为用方程式表示变量关系不仅在形式上较前两种方法更为紧凑，而且进行微分、积分、内插、外延等运算时也方便得多。经验方程是变量间客观规律的一种近似描述，它为变量间关系的理论探讨提供了线索和根据。

用方程式表示实验数据有三项任务：一是方程式的选择；二是方程式中常数的确定；三是方程式与实验数据拟合程度的检验。

（四）计算机处理法

物理化学实验数据处理是相对复杂的。传统的手工计算加坐标作图的方法不仅步骤繁琐，操作困难，而且误差很大。随着计算机的普及和计算机数据及图形处理软件功能的不断强大，应用计算机对物理化学实验做出相对精确的数据处理是物理化学实验的发展要求。灵活运用各种计算机软件来处理实验数据可以大幅提高数据处理的准确性和降低实验者的计算难度。

对于用实验数据作图或对实验数据计算后作图，然后线性拟合，由拟合直线的斜率或截距求得需要的参数类型的实验，可在计算机上使用 Excel 或 Origin 软件完成，如"液体饱和蒸气压的测定""蔗糖水解反应速率常数的测定""乙酸乙酯皂化反应速率常数的测定""黏度法测定高分子化合物的摩尔质量"等实验；对于非线性曲线拟合、作切线、求截距或斜率类型的实验，可用 Origin 软件在计算机上完成，如"固－液界面上的吸附""沉降分析"等实验。利用各种软件对物理化学实验数据进行列表整理、运算以及作图分析，不仅能够大大缩短处理实验数据耗费的时间，更能减少手动处理实验数据所带来的误差，使实验结果更为准确而清晰明了。

第二章

实验内容

实验一　燃烧热的测定

一、实验目的

1. 掌握　燃烧热的测定技术。

2. 熟悉　恒压燃烧热 Q_p 和恒容燃烧热 Q_V 的关系。

3. 了解　量热计的构造、工作原理。

二、实验原理

在标准压强和指定温度下，1mol 物质完全燃烧的恒压反应热称为该物质的标准摩尔燃烧焓（热），用 $\Delta_c H_m^\ominus$ 表示。通常情况下完全氧化是指 $C \rightarrow CO_2(g)$，$H_2 \rightarrow H_2O(l)$，$S \rightarrow SO_2(g)$，$N \rightarrow N_2(g)$，$Cl \rightarrow HCl(aq, \infty)$ 等。在实际测量中，常用弹式量热计（恒容条件下）测量，直接得到恒容反应热效应 Q_V 或 $\Delta_c U_m$。若将参与反应的气体视为理想气体，由热力学原理可知两者关系为

$$\Delta_c H_m = \Delta_c U_m + \sum_B v_B RT \qquad (2-1)$$

式中，T 为反应的温度，单位 K；v_B 为参加反应的各气体物质的计量系数，反应物取负值，生成物取正值；$\Delta_c U_m$ 为恒容摩尔燃烧热（Q_V），单位 J/mol；$\Delta_c H_m$ 为恒压摩尔燃烧热（Q_p），单位 J/mol。用量热计测得样品的 $\Delta_c U_m$，可根据上式计算 $\Delta_c H_m$。

量热计的种类很多，本实验用的是 GR-3500 型量热计，量热计和氧弹结构如图 2-1 及图 2-2 所示。

在绝热条件下，将氧弹（样品的燃烧室，为了保证样品完全燃烧，充了高压氧气）置于盛有一定量水的量热体系中，定量的待测样品完全燃烧，释放的全部热量使量热体系（包括反应物、产物、搅拌器、水、量热器壁等）的温度升高。测量温度的变化，由量热体系的热容就可以求出该样品的恒容燃烧热。其关系式如下

$$\frac{m_{样}}{M} Q_V + Q_{引燃丝} \cdot m_{引燃丝} = C_J \Delta T \qquad (2-2)$$

式中，Q_V 为待测样品的恒容燃烧热，单位 J/mol；$m_{样}$ 为待测样品的质量，单位 g；M 为待测样品的相对分子质量，单位 g/mol；$Q_{引燃丝}$ 为引燃丝的燃烧热，单位 J/g；$m_{引燃丝}$ 为燃烧的引

燃丝的质量，单位 g；C_J 为量热体系的热容，单位 J/K。

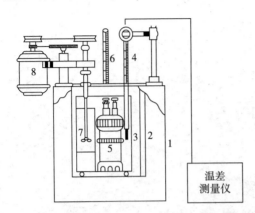

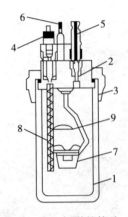

图 2-1　GR-3500 型氧弹量热计示意图　　　　图 2-2　氧弹的构造

1. 量热计外套；2. 挡板；3. 热水桶；4. 温差测量仪　　1. 外壁；2. 弹盖；3. 螺帽；4. 进气孔；5. 排气孔；

探头；5. 氧弹；6. 温度计；7. 搅拌器；8. 电动机　　6. 电极；7. 燃烧皿；8. 电极；9. 火焰遮板

　　量热体系的热容 C_J 可用间接的方法测定，在完全相同的条件下，在同一量热计中让一定量的已知恒容燃烧热的物质完全燃烧，测定量热体系温度的升高值 ΔT，根据式 （2-2）求出 C_J。

　　实际上，量热计做不到完全绝热，它与周围环境的热交换是无法完全避免的，同时搅拌器工作时也对体系做功，这些因素对温差的测量是有影响的，一般可用雷诺（Renolds）作图法进行校正。

　　适量的样品完全燃烧后，使量热计中的水温升高 1.5～2.0℃。做实验过程中温度－时间关系图，如图 2-3 所示。可得曲线 ABCD，图中 A 点为 $T-t$ 曲线计时开始点，B 点相当于燃烧反应开始点，这时燃烧热开始传给水，C 点相当于燃烧反应结束点，D 点是实验计时结束点。在图中，点 B 和点 C 的差值所代表的温差不是真正的由反应热效应引起的温差 R_∞，可根据下述方法进行校正。在曲线的温度上升段 BC 上选取一点 E，作时间 t 轴的垂线，垂线与 AB、DC 的延长线分别交于 G、H 点，仔细调节 E 点的位置，使得 BEG、CEH 两部分所包含的面积相等。G 点和 H 点之间的温差就是校正后的 ΔT。

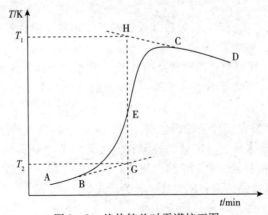

图 2-3　绝热较差时雷诺校正图

　　如果内筒的水事先调节到比室温低大约 1℃，可以直接用量热计夹层水的温度作为 E 点，经 E 点作时间轴的垂线，垂线与 AB、DC 的延长线分别交于 G、H 点，则 G 点和 H 点间的

温差即为校正后的 ΔT。这两种方法得出的数据基本一致。

对于绝热良好的量热计，由于体系向环境泄漏的热量很少，同时搅拌器的电机功率较大的话，在雷诺温度校正曲线上可能不会出现最高点，如图 2 - 4 所示，这时同样可用上述方法来校正其温差。

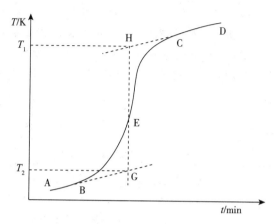

图 2 - 4　绝热良好时雷诺校正图

三、仪器与药品

仪器　GR - 3500 型量热计 1 台，数字精密温度温差测量仪 1 台，多功能控制箱 1 台，容量瓶（2000ml、500ml、100ml）各一个，氧气钢瓶，WGR - 1 型充氧机，压片机，万用电表

药品　苯甲酸（A. R），萘（A. R），引燃丝（12cm）

四、实验操作

1. 通过苯甲酸的燃烧测定量热计热容 C_J

（1）样品压片　取一段约 12cm 长的引燃丝，精确量其长度，并用分析天平精确称量其质量 $m_{引燃丝}$，将引燃丝绕成环状。苯甲酸预先在 50 ~ 60℃烘干 30 分钟，在天平上称量 0.8 ~ 1.0g 苯甲酸，置于干净的压片机中，和引燃丝一起压片，要保证引燃丝在样品片的中央。取出样品在干净玻璃板或桌面上轻敲 2 ~ 3 次，以除去样品表面的碎末，再用分析天平精确称量其质量 $m_{苯甲酸}$。

（2）装置氧弹　拧开氧弹盖，放置在专用支架上或折叠的干洁毛巾上，将其内壁及电极下端不锈钢接线柱擦干净。小心将压好的样品的引燃丝两端紧绕在两电极上，用万用电表检查是否为通路。将氧弹盖小心装入氧弹，旋紧氧弹盖，再用万用表测两极电阻（一般不大于 20Ω）。若电阻太大或短路都要重新装样品。

用充氧机充氧达到 2.0MPa 后维持 10 ~ 30 秒，拧开排气孔将氧弹中的氧气缓缓放出，关闭排气孔并迅速再次充氧，重复 2 ~ 3 次。结束后再次测其电阻并检查密封情况。如漏气、电极间断路或短路，需放去氧气重新检查原因。

将氧弹放入量热计的内筒。准确量取 3000ml 自来水（水温与室温相同或低 1℃），小心倒入干燥的内筒。装好搅拌电机，转动电机，使搅拌器叶片不要触碰到量热计内筒。接好点火电极的电线，盖好盖板。插上数字精密温差测量仪探头，选择温差测量档，调节基温选择，开动搅拌电机。

（3）燃烧和测量温差　间隔 1 分钟测量一次温度，注意开始时温度有波动，观察水温稳定后，开始计时，每分钟记录一次温度 T。10 分钟后，按下点火按钮点火，每 15 秒记录一次温度。温度迅速上升，进入反应期。当每次读数时温度上升小于 0.005℃ 改为每分钟读数一次。温度变化稳定后 10 分钟停止实验。温度测量精确到 0.002℃。

关闭所有电器开关，拿出氧弹，放掉余气，检查燃烧情况。若氧弹中无残炭，则燃烧完全，量取剩余引燃丝的长度，计算燃烧的引燃丝的质量。燃烧不完全，则需重新测定。还原仪器设备，待体系温度与环境温度达平衡，准备下一步实验。

2. 萘的燃烧焓测定　称取 0.6g 左右的萘，重复上述操作，测定萘燃烧时的 ΔT。

五、数据记录和处理

1. 数据记录

表 2 – 1　苯甲酸燃烧过程温度 – 时间记录

读数序号	时间（min）	温度（℃）	备注
1			
2			
3			
…			

表 2 – 2　苯甲酸燃烧情况

项目	燃烧情况
苯甲酸的摩尔燃烧热 Q_V（J/mol）	
苯甲酸的质量 $m_{苯甲酸}$（g）	
引燃丝的燃烧热（J/g）	
引燃丝的总质量（g）	
燃烧后剩余的引燃丝质量（g）	
燃烧的引燃丝质量（g）	

表 2 – 3　萘燃烧过程温度 – 时间记录

读数序号	时间（min）	温度（℃）	备注
1			
2			
3			
…			

表 2 – 4　萘燃烧情况

项目	燃烧情况
萘的摩尔燃烧热 Q_V（J/mol）	
萘的质量 $m_{萘}$（g）	
引燃丝的燃烧热（J/g）	
引燃丝的总质量（g）	
燃烧后剩余的引燃丝质量（g）	
燃烧的引燃丝质量（g）	

2. 分别作苯甲酸和萘燃烧过程的 $T-t$ 曲线，用雷诺校正图，求出样品燃烧引起量热计温度的变化值 $\Delta T_{苯甲酸}$、$\Delta T_{萘}$。

3. 将 $\Delta T_{苯甲酸}$ 代入式（2-2），计算测量体系的热容 C_J。

4. 根据式（2-2）计算萘的恒容热效应 Q_V，并换算为 $\Delta_c U_m$，根据式（2-1）求出摩尔燃烧焓 $\Delta_c H_m$。

5. 由物理化学数据手册查出萘的摩尔燃烧焓 $\Delta_c H_m$，计算实验误差。

六、注意事项

1. 放入弹筒后应调整其位置，使搅拌器叶片不与内筒碰撞。
2. 压片时应注意不要将引燃丝压扁，引燃丝的位置最好在样品片的中央。
3. 引燃丝接在点火电极上时应接牢，否则接触电阻大，容易从接头处烧断。
4. 一定要等到内外筒温度平衡即温度变化稳定后才能点火，否则实验误差大。

七、思考题

1. 本实验成功的前提条件有哪些？
2. 测定量热计的热容和萘的燃烧热时，氧弹中氧气压强不同是否会给实验带来误差？
3. 为什么实验测量得到的温度差值要经过雷诺作图法校正？
4. 如何从萘的标准摩尔燃烧焓（热）数据来计算萘的标准摩尔生成焓（热）？

八、预习要求

1. 复习燃烧热和热容的定义。
2. 了解燃烧热测定的原理。
3. 了解量热计的使用方法。

实验二　溶解热的测定

一、实验目的

1. **掌握**　量热法和电热补偿法测定溶解热的原理和方法。
2. **熟悉**　电热法测体系热容的方法；用雷诺校正法求温度的变化值。
3. **了解**　摩尔积分溶解热和摩尔微分溶解热的区别。

二、实验原理

1. 溶解热的概念　在恒温恒压下，一定量的物质溶于一定量的溶剂中所产生的热效应称为该物质的溶解热（heat of solution）。它包括破坏溶质晶格的晶格能、电离能及溶剂化热等的总和。由于溶解往往是在恒温恒压下进行，所以，溶解热又称溶解焓。溶解热分为积分溶解热和微分溶解热。恒温恒压（通常指 298.15K 和 101.325kPa）且不做非体积功的条件下，将 n_B 摩尔的溶质 B 溶解于一定量溶剂中形成一定浓度的溶液，若整个过程的焓变为

$\Delta_{sol}H$，则该溶质形成该浓度溶液时的摩尔积分溶解热（integral mol heat of solution）为

$$\Delta_{sol}H_m = \frac{\Delta_{sol}H}{n_B} \qquad (2-3)$$

$\Delta_{sol}H_m$ 为 1mol 溶质形成一定浓度溶液的溶解热。摩尔积分溶解热不但与溶质、溶剂的种类有关，还与溶液的浓度有关。随着溶液浓度的减小，摩尔积分溶解热趋于定值，此值称为无限稀释摩尔积分溶解热。298.15K 和 101.325kPa 时，一些物质以水为溶剂的无限稀释摩尔积分溶解热可从物理化学手册中查得。

若在恒温恒压及一定浓度的溶液中，加入 dn_B 摩尔的溶质 B，所产生的微量热效应 $d(\Delta_{sol}H)$ 与 dn_B 的比值称为溶质 B 在该浓度的摩尔微分溶解热（differential mol heat of solution）。

$$\Delta_{dsol}H_m = \left(\frac{\partial(\Delta_{sol}H)}{\partial n_B} \right)_{T,p,n_A} = \left(\frac{\delta_{sol}Q_p}{\partial n_B} \right)_{T,p,n_A} \qquad (2-4)$$

下角标 n_A 表示溶剂的量不变。由于加入的溶质的量很少，可以认为溶液的浓度不变。因此摩尔微分溶解热也可认为是在大量一定浓度的溶液中加入 1mol 溶质所产生的热效应。摩尔微分溶解热不能直接由量热法测定。可先测定不同数量的溶质溶解在一定量的溶剂中的积分溶解热 $\Delta_{sol}H$，再以 $\Delta_{sol}H$ 对 n_B 作图，曲线上某点的斜率即为该浓度的摩尔微分溶解热，如图 2-5 所示，横坐标为 1000g 溶剂中溶质的物质的量。

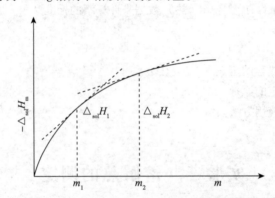

图 2-5　摩尔积分溶解热与溶液浓度的关系

2. 摩尔积分溶解热的测定　摩尔积分溶解热的测定方法有量热法和电热补偿法。

（1）量热法　摩尔积分溶解热可用量热法直接测定。本实验以溶解热测定仪测定溶解过程热效应，该量热计采用双层不锈钢真空保温杯作容器，可看成绝热体系。将一定量的某种盐溶于一定量的水中时，摩尔积分溶解热为

$$\Delta_{sol}H_m = \frac{Q_p}{n_B} = -C \cdot \Delta T_{salt} \frac{M}{m_m} \qquad (2-5)$$

式中，$\Delta_{sol}H_m$ 为盐的摩尔积分溶解热（J/mol）；C 为量热计（体系）的热容（J/K）；ΔT_{salt} 为盐溶解前后体系温度变化值（K）；M 为盐的摩尔质量（g/mol）；m_B 为溶解在水中的盐的质量（g）。只要测出体系的热容 C 就可以由式（2-5）计算出盐的摩尔积分溶解热。

量热计的热容可以用以下方法求出：体系溶解完毕后，在量热计中通电加热，使体系温度升高 ΔT_{elec}，根据能量守恒原理，可得出

$$UIt = C \cdot \Delta T_{\text{elec}} \qquad (2-6)$$

式中，U 为通电时的电压（V）；I 为通电电流（A）；t 为通电时间（s）；ΔT_{elec} 为通电前后体系温度的变化值（K）。将式（2-6）代入式（2-5）得

$$\Delta_{\text{sol}} H_{\text{m}} = - UIt \cdot \frac{\Delta T_{\text{salt}}}{\Delta T_{\text{elec}}} \cdot \frac{M}{m_{\text{B}}} \qquad (2-7)$$

由于该测量仪的双层不锈钢真空保温杯并非完全绝热，以及搅拌发热等原因，体系会发生不属于盐的溶解热效应而引起的额外温度变化。为了排除这些因素的影响以求得正确的 ΔT_{salt} 和 ΔT_{elec}，可以采用雷诺作图求得校正后的 ΔT_{salt} 和 ΔT_{elec}。

作溶解热测量过程中的温度-时间图，如图2-6所示，可以得到曲线 ABCDEF。AB 为溶解前的温度变化，BC 是溶解时的温度变化，CD 是溶解结束后的温度变化，DE 是对量热体系加热时的温度变化，EF 是加热停止后的温度变化。作 B 点和 C 点在时间轴上的垂足 b 和 c，通过 bc 的中点作时间轴的垂线，分别和 AB、DC 的延长线相交于 G、H 点，G 点和 H 点间所对应的温度变化即为 ΔT_{salt}。也可以参考实验一的作图法，在 BC 上找到 O_1 点，使面积 BO_1G 和面积 CO_1H 相等。用同样的方法求得 ΔT_{elec} 的校正值。

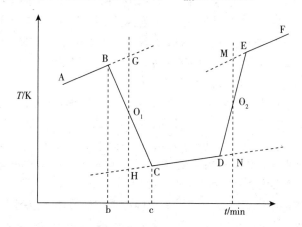

图2-6 测量摩尔积分溶解热过程中的温度-时间关系图

（2）电热补偿法 硝酸钾溶解于水的过程是吸热过程，热效应可以用电热补偿法来进行测定。其基本原理是，在硝酸钾溶解前确定系统的温度，溶解过程中，通过电加热器给予系统电加热，补偿硝酸钾溶解吸收的热，直到完全溶解后，系统的温度恢复到起始状态，计算消耗的电能 Q 即等于反应的热效应 $\Delta_{\text{sol}} H$，即

$$\Delta_{\text{sol}} H = Q \qquad (2-8)$$

消耗的电能 Q 可由加热功率（P）和通电时间 t（秒）计算

$$Q = Pt \qquad (2-9)$$

将（2-3）（2-8）（2-9）三式联立，并整理得

$$\Delta_{\text{sol}} H_{\text{m}} = \frac{Pt}{n_{\text{B}}} \qquad (2-10)$$

三、实验方案 |

（一）仪器与药品

仪器 溶解热测定仪1套，数字精密温度温差测量仪1台，台秤1架，分析天平1架，

称量管 1 个，量筒（100ml）1 个

药品 硝酸钾（A.R）

（二）实验操作

1. 将溶解热测定仪和 220V 交流电源连接，开启电源，预热数分钟。

2. 在台秤上粗称 5～6g KNO_3 粉末，装入称量管，用分析天平精确称量总质量。

3. 拉开伸缩拉杆，提升旋转杯盖，在双层不锈钢真空保温杯中加入 300ml 蒸馏水。拉下拉杆，盖好杯盖。

4. 按下控制排钮上的"预调"按钮，旋转电压电流调节旋钮，调节的电压和电流（加热管阻抗一定，电流电压成正比关系，电压电流值是联动的），调节电压约为 2.5V，电流约为 0.5A，记下准确读数。按下"复位"按钮，此时稳压电源已调节就绪，整个实验过程中不得再调节电压电流。

5. 将数字精密温度温差测量仪测温探头从杯盖上的测温孔插入，选择温差测量档并调好基温，调节搅拌速度旋钮得到合适的搅拌速度。

6. 在温度变化均匀后开始记录温度读数（精确到 0.002）。每隔 1min 记录 1 次温度，至少读取 5 个数据后，迅速将在分析天平上精确称量的粉末，从双层不锈钢真空保温杯杯盖上的加料孔中小心加入，注意不要粘在仪器壁上，盖上塞子。同时温度读取时间间隔改为 30 秒/次，直到温度不再下降时改 1min 记录温度 1 次，记录 5 次。

7. 在 KNO_3 溶解过程中溶液温度下降，溶解完毕后又开始回升。在温度变化均匀后的第 5min 按下"开始"按钮，使电热器通电加热，同时准确记录通电起始时间（精确到秒）、电压、电流的精确数值。加热开始直到加热结束温度记录间隔时间为 30s。

8. 当量热计内的水温上升到同加 KNO_3 前相近时，按下"停止"按钮，加热器停止加热。并准确记录停止通电的时间（精确到"秒"）。同时每 1min 记录一次温度，温度变化均匀后，继续读取 5 次温度数据。

9. 将装样品粉末的小试管在分析天平上准确称重，计算倒入溶剂中的 KNO_3 粉末的质量。记录好实验数据，按下"清零"按钮，计时器清零。关闭电源，拉起杯盖，洗净搅拌器和加热器及不锈钢真空保温杯。

（三）数据记录和处理

1. 将所得数据记录列表，并作出温度－时间关系图，采用雷诺校正法求出 ΔT_{salt} 和 ΔT_{elec}。

2. 计算通电时间 t 和溶解的 KNO_3 质量。

3. 根据公式（2-7）计算 KNO_3 的摩尔积分熔解热 $\Delta_{sol}H_m$。

（四）注意事项

1. 样品应全部倒入蒸馏水中。如在保温杯壁沾有 KNO_3 粉末，式（2-7）中的 m 将不准确，会给计算带来较大的误差，应重做实验。

2. KNO_3 样品实验前应在 120℃烘干 1h。

3. 加入 KNO_3 粉末前，KNO_3 粉末完全溶解后及通电完毕后，温度变化均匀后都应该继续跟踪温度—时间关系 5min 以上，才能进行下一步实验，否则无法由雷诺作图法校正温差。

4. 通电测定量热计热容时的温度变化范围应与 KNO_3 粉末溶解的温度变化范围一致。

5. 本实验中虽然用不锈钢真空保温杯作量热计的反应舱，但体系和环境间不是完全绝热的，还有热量交换，所以体系的热容是相对的，与体系和环境的温差有关。这样，测量体系热容时其温度变化区间应与 KNO_3 溶解时的温度变化区间相同，即通电加热时，当体系的温度上升至反应开始前的温度时应停止加热。温差也要进行雷诺校正才能得到准确的数值。

（五）思考题

1. 在本实验中，为什么要用雷诺作图法求 ΔT_{salt} 和 ΔT_{elec}，其原理是什么？

2. 在测量体系热容时，为什么要使温度上升到同加 KNO_3 前的温度相近时切断电源？温度太高或太低对所测热容有何影响？

3. 利用本实验装置能否求中和热？

（六）预习要求

1. 复习各种溶解热的定义。

2. 了解溶解热测定的原理。

3. 了解溶解热实验装置的使用。

四、实验方案 II

（一）仪器与药品

仪器　分析天平 1 台；SWC－RJ 一体式溶解热测定仪一套（含配套保温杯、玻璃漏斗、橡胶塞各 1 个）；磁子 1 个；500ml 烧杯 1 个；100ml 量筒 1 个，称量纸若干

药品　硝酸钾（A. R）

（二）实验操作

1. 在分析天平上准确称取 5 份 KNO_3 样品，质量分别为 2.5g、1.5g、2.0g、3.0g、4.0g，并编号置于干燥器中备用。

2. 量取 300ml 蒸馏水倒入测定仪的保温杯中，放入磁子，盖好盖子，按图 2－7 所示连接好实验装置和线路。贝克曼温度计的感温探头从杯盖上的测温孔插入，并通过探头上橡皮圈的位置调节探头的适宜高度，调节"调速"旋钮得到合适的搅拌速度。

3. 如图 2－8 所示开启电源开关，仪器处于待机状态，待机指示灯亮。调节"调速"旋钮得到适中的搅拌速度，待贝克曼温度计示数稳定后按下"温差采零"键。

4. 按下"状态转换"键，使仪器处于测试状态，调节"加热功率"旋钮，使功率准确为 2.6W，当贝克曼温差仪上温差显示为 0.50℃时，再次采零（注意：状态切换至"待机"才能采零，采零完毕迅速切换至"测试"），同时从测定仪保温杯的"加料口"加入第一份 KNO_3 样品 2.5g，确保加样完毕后取出漏斗，加塞封口。第一份 KNO_3 样品加入后，贝克曼温度计的温差会迅速从零变为负值，后续温差会慢慢回归到零。密切观察贝克曼温度计温差示数变化，待温差再次回归到零时，加入第二份 KNO_3 样品 1.5g，同时将第一份样品的加热时间 t_1 记录在实验记录本上。第二份 KNO_3 样品加入后，待温差再次从负值回归到零时，记录时间 t_2；重复操作，依次加入 2.0g、3.0g、4.0g KNO_3，并记录时间 t_3、t_4、t_5。

5. 实验完毕，关闭电源，清洗仪器。

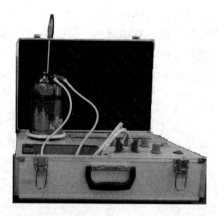

图 2-7 溶解热测定装置

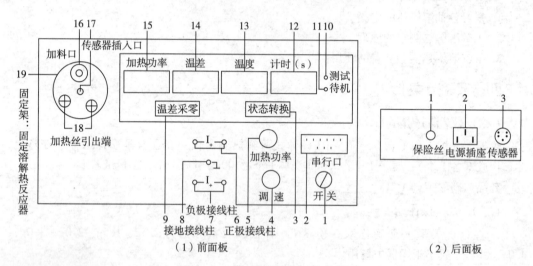

（1）前面板   （2）后面板

图 2-8 溶解热测定仪面板示意图

（三）数据记录和处理

1. 将实验数据记录并进行处理，结果填入表 2-5 中。

表 2-5 实验数据记录

序号	1	2	3	4	5
累计质量 W（g）	2.5	4	6	9	13
累计时间 t（s）					
功率 P（W）					
$\Delta_{sol}H_m$					

2. 以计算的 $\Delta_{sol}H_m$ 为纵坐标，KNO_3 的质量为横坐标，作出摩尔积分溶解热随浓度的变化曲线。

（四）注意事项

1. 贝克曼温度计的感温探头与加热丝的高度一致为宜，过低会接触磁子，影响转速。

2. 仪器必须在"待机"状态下才能采零。

3. 实验过程中，加热功率应稳定 2.6W，若出现漂移，可通过功率调节旋钮进行调节。

4. 每次加样和计时应同步进行，加样尽可能迅速准确，避免样品洒落量热计外。

（五）思考题

1. 用电热补偿法能否测定放热的溶解热？

2. 为什么实验开始时体系的温度要高出环境温度 0.50℃？

3. 实验过程中为什么要求搅拌速度均匀而不宜过快？

（六）预习要求

1. 复习溶解热的定义。

2. 了解溶解热测定的原理。

3. 了解贝克曼温度计的使用。

实验三　中和热的测定

一、实验目的

1. 掌握　中和热的测定方法。

2. 熟悉　通过中和热的测定，计算弱酸的解离热。

3. 了解　中和热不随酸或碱的种类而改变。

二、实验原理

在一定温度、压力和浓度下，1mol 的一元强酸溶液和 1mol 的一元强碱溶液混合时，所产生的热效应（中和热）是不随酸或碱的种类而改变的，因为这里所研究的强酸、强碱在水溶液中几乎是完全电离，在溶液足够稀释的情况下中和热数值几乎是相同的，因此中和反应的热化学方程式可用离子方程式表示为

$$H^+ + OH^- \Longrightarrow H_2O \qquad \Delta_r H_{中和} = -57.36 \text{kJ/mol}$$

上式可作为强酸与强碱中和反应的通式。可见这一类中和反应的中和热与酸的阴离子和碱的阳离子无关。若所用溶液浓度较大时，所测的中和热数值常较高，这是溶液浓度较大时离子间相互作用力及其他因素影响的结果。

若以强碱（NaOH）中和弱酸（CH_3COOH）时，则与上述强酸、强碱的中和反应不同。因为在中和反应发生之前，首先是弱酸进行解离，其反应为

$$CH_3COOH \Longrightarrow H^+ + CH_3COO^- \qquad \Delta_r H_{解离}$$

$$H^+ + OH^- \Longrightarrow H_2O \qquad \Delta_r H_{中和}$$

_____

$$总反应：CH_3COOH + OH^- \Longrightarrow H_2O + CH_3COO^- \qquad \Delta_r H_m$$

$\Delta_r H_m$ 是弱酸与强碱中和反应总的热效应，它包括中和热和弱酸的解离热两部分。根据 Hess 定律可知，如果测得这一类反应中的热效应 $\Delta_r H_m$ 以及 $\Delta_r H_{中和}$，就可以通过计算求出弱

酸的解离热 $\Delta_r H_{解离}$。

$$\Delta_r H_{解离} = \Delta_r H_m - \Delta_r H_{中和}$$

三、仪器与药品

仪器　SWC – ZH 中和热（熔）实验装置（一体化）1 台，量筒（500ml、100ml）各 1 个，移液管（50ml）3 支

药品　浓度均为 1mol/L 的 NaOH、HCl 和 CH_3COOH 溶液

四、实验操作

1. 准备工作　打开机箱盖，将仪器平稳地放在实验台上，将精密数字温度温差仪传感器插头接入后面板传感器座，用配置的加热功率输出线接入"I ＋"（红色）、"I －"（蓝色），并接入 220V 电源。

打开电源开关，仪器处于待机状态，待机指示灯亮，如图 2 - 9 所示，预热 10min。将量热杯放到反应器的固定架上。

加热功率（W）	温差（℃）	温度（℃）	定时（s）
0000	0. 172	20. 17	00

图 2 - 9　中和热（熔）实验装置面板示意图

2. 量热计常数 K 的测定

（1）用干布擦净量热杯，用量筒量取 500ml 蒸馏水注入其中，放入搅拌磁子，调节适当的转速。

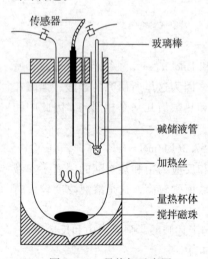

图 2 - 10　量热杯示意图

（2）如图 2 - 10 所示，将 O 型圈套入精密数字温度温差仪传感器的感温探头上，并将感温探头插入量热杯中（通过 O 型圈的高度控制传感器的感温探头不与加热丝接触），将功率输入线两端接在量热杯上盖中的加热丝的两接线柱上。按"状态转换"键切换到测试状态（测试指示灯亮），调节"加热功率"调节旋钮，使其输出为所需功率（一般为 2.5W），再次按"状态转换"键切换到待机状态，并取下加热丝接线柱上任一端夹子。

（3）待温度基本稳定后，按"状态转换"键切换到测试状态，仪器对"温差"自动采零，设定"定时"60s，蜂鸣器响，记录一次温差值，即 1min 记录 1 次。

（4）当记下第十个读数时，同时将取下的加热丝的夹子夹上，此时为加热的开始时刻。连续记录温差并计时，根据温差大小可调整读数的间隔，但必须连续计时。

（5）待温度升高 0.8 ~ 1.0℃时，取下加热丝一端的夹子，并记录通电时间 t。继续搅拌，每间隔 1min 记录一次温差，测 10 个点为止。

（6）用作图法求出由于通电而引起的温度变化 ΔT_1（用雷诺校正法确定）。

3. 中和热的测定

（1）将量热杯中的水倒掉，用干布擦净，重新用量筒量取 400ml 蒸馏水注入其中，然后用移液管取 50ml 1mol/L 的 HCl 溶液注入其中。再用移液管取 50ml 1mol/L 的 NaOH 溶液注入碱储液管中，仔细检查是否漏液。

（2）适当调节磁子的转速，盖好杯盖，每分钟记录一次温差，记录 10min。

（3）迅速拔出玻璃棒，加入碱溶液（不要用力过猛，以免相互碰撞而损坏仪器）。继续每隔 1min 记录一次温差（注意整个过程时间是连续记录的）。

（4）加入碱溶液后，温度上升，待体系的温差几乎不变并维持一段时间即可停止测量。

（5）用作图法确定 ΔT_2（用雷诺校正法确定）。

4. 醋酸解离热的测定　用 1mol/L CH$_3$COOH 溶液代替 HCl 溶液，重复"3"操作，求出 ΔT_3。

五、注意事项

1. 磁子应沿量热杯壁滑入量热杯中，以免损坏量热杯。

2. 在三次测量过程中，应尽量保持测定条件的一致，如搅拌速度的控制、初始状态的水温等。

3. 实验完毕后，要将量热杯冲洗干净，并将碱储液管洗干净防止残留碱液腐蚀磨口处的玻璃。

六、数据处理

1. 将作图法求得 ΔT_1、电流强度 I、电压 U 和通电时间 t 代入下式中，计算出量热计常数 K。

$$K = \frac{IUt}{\Delta T_1}$$

2. 将量热计常数 K 及作图法求得的 ΔT_2、ΔT_3 分别代入下式中（式中 $c = 1$mol/L，$V = 50$ml），计算 $\Delta_r H_{中和}$ 和 $\Delta_r H_m$。

$$\Delta_r H_{中和} = -\frac{K\Delta T_2}{cV} \times 1000$$

$$\Delta_r H_m = -\frac{K\Delta T_3}{cV} \times 1000$$

3. 将 $\Delta_r H_{中和}$ 和 $\Delta_r H_m$ 代入下式中，计算醋酸的解离热 $\Delta_r H_{解离}$。

$$\Delta_r H_{解离} = \Delta_r H_m - \Delta_r H_{中和}$$

七、思考题

1. 试分析测量中影响实验结果的因素有哪些？

2. 为什么本实验的温度变化 ΔT 需用雷诺校正法确定？

八、预习要求

1. 复习中和热的定义及 Hess 定律。

2. 了解量热计常数 K 的含义、如何确定、有什么意义。

3. 熟悉 SWC–ZH 中和热（焓）实验装置的使用。

实验四　凝固点降低法测定摩尔质量

一、实验目的

1. 掌握　凝固点降低法测非电解质溶质摩尔质量的原理。
2. 熟悉　凝固点测定仪的使用。
3. 了解　用凝固点降低法研究植物的某些生理现象。

二、实验原理

物质的摩尔质量是重要的物理化学参数，其测定方法有许多种。凝固点降低法测摩尔质量是一种简单而准确的方法，在应用和溶液理论研究方面都具有重要意义。

稀溶液的凝固点一般低于纯溶剂的凝固点，这是稀溶液的依数性之一。难挥发性非电解质的稀溶液，其凝固点降低值与溶液浓度的关系可用下式表示

$$\Delta T_f = T_f - T_s = k_f m_B$$

式中，ΔT_f 为溶液的凝固点降低值；T_f 为纯溶剂的凝固点；T_s 为溶液的凝固点；m_B 为溶液中溶质 B 的质量摩尔浓度；k_f 为溶剂的凝固点降低常数，它仅与溶剂的性质有关。表 2-6 给出了常见溶剂的凝固点降低常数值。

表 2-6　部分常见溶剂的 k_f 值

溶剂	水	醋酸	苯	环己烷	萘	三溴甲烷
T_f（K）	273.15	289.75	278.65	279.65	383.5	280.95
k_f（K·kg/mol）	1.86	3.90	5.12	20	6.9	14.4

若称取一定质量的溶质 W_B 和溶剂 W_A，配成稀溶液，则此溶液的质量摩尔浓度 m_B 为

$$m_B = \frac{W_B}{M_B W_A} \times 1000$$

式中，M_B 为溶质的摩尔质量，将上式代入式 $\Delta T_f = k_f m_B$，得

$$M_B = k_f \frac{W_B}{\Delta T_f W_A} \times 1000$$

由上式可见，若已知某溶剂的凝固点降低常数值 k_f，通过实验测定此溶液的凝固点降低值 ΔT_f，即可计算溶质的摩尔质量 M_B。在此，应注意该公式的使用条件。ΔT_f 值的大小与溶质在溶液中的"有效质点"数有关，因此，若溶质在溶液中有缔合、解离或发生配位情况时，此法求出的摩尔质量为表观摩尔质量。同样，若已知溶质的摩尔质量则可通过此法研究溶液的缔合度、电解质的解离度、活度及活度系数等性质。

本实验凝固点的测定采用步冷曲线法进行。纯溶剂的凝固点是其液-固平衡共存的温度。溶液的凝固点是溶剂的固相与溶液平衡共存的温度。理论上讲，当温度降至体系的凝固点时即会有固体析出，但在实际操作过程中，经常发生过冷现象，温度低至体系的凝固点时仍未析出固体，因此严格的做法应通过绘制步冷曲线而求得体系的凝固点，这样才能

保证测试的准确性。纯溶剂和稀溶液实际的步冷曲线如图 2-11 所示，与理论上的步冷曲线存在差异。

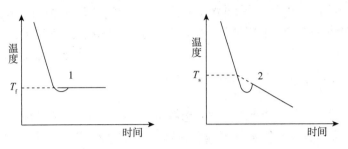

图 2-11 纯溶剂与溶液的步冷曲线

三、仪器与药品

仪器 凝固点测定仪 1 套，分析天平 1 台，贝克曼温度计 1 支，普通温度计（-10 ~ 100℃）1 支，移液管（50ml）1 支，烧杯 2 个。

药品 葡萄糖（A.R），食盐，蒸馏水

四、实验操作

1. 准备工作 在冰浴槽中加入一定量碎冰块，适量冷水，使冰、水各占约总量的一半，然后加入适量食盐搅拌，使冰水浴温度比待测体系的凝固点低 2 ~ 3℃。实验过程中还要不断加入食盐和冰块并经常搅动，保持好这个温度范围。打开精密数字温度温差仪的电源开关，预热 10min 以上。

2. 水的凝固点的测定 装置示意图如图 2-12 所示。首先，粗测水的近似凝固点。将 30ml 左右的蒸馏水加入样品管，插入贝克曼温度计及搅拌器，然后直接置于冰水浴中，开始测定水的近似凝固点。轻轻上下移动搅拌器，使水温逐渐下降，每 30s 读取温度计的示数一次，当有冰花出现时，温度计示数稳定不变，记下此时的温度，即为水的近似凝固点。

然后，测定纯溶剂水的精确凝固点。取出样品管，用手捂热，使冰花全部融化，然后将样品管放入冰水浴中，均匀搅拌，每 30s 读取温度计的示数一次，当温度降至比近似凝固点高 0.3℃时，迅速将样品管从冰水浴中取出，擦干外部并置于空气套管中（套管要事先放入冰水浴中，以免管内空气温度过高）。此时继续缓慢均匀搅拌（搅拌时应避免摩擦），使其降温，每 15s 记录一个温度值，直至温度不变再记录 5 个数据为止（刚套上套管时因与外界的热交换水温可能会升高，此时不宜记录温度随时间的变化）。

注意：当温度比近似凝固点低 0.5℃左右时，急速搅

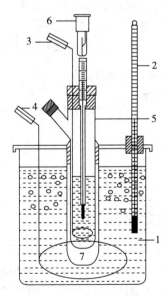

图 2-12 凝固点测定仪
1. 冰浴槽；2. 温度计；3. 搅拌器；4. 搅拌器；
5. 样品管；6. 贝克曼温度计；7. 套管

拌，以打破过冷现象，促使晶体析出。晶体析出，温度回升，此时改为缓慢搅拌，直至温度达到某一刻度稳定不变时，读出该温度值（读至小数点后三位），即为溶剂的凝固点。重复测定一次，两次测量误差不可超过 0.005℃，取平均值，即为溶剂的凝固点 T_f。

3. 葡萄糖水溶液凝固点的测定　稀溶液的凝固点是指溶液中刚刚析出固态溶剂时的温度。由于固态纯溶剂的析出，溶液的浓度逐渐增大，剩余溶液与固态纯溶剂成平衡的温度也在逐步下降，因此应谨防溶液温度过冷太多。

用天平称取 1.5g 葡萄糖置于干燥洁净的烧杯中，用移液管量取 30ml 蒸馏水将其溶解配成葡萄糖水溶液，搅匀后用少量溶液润洗样品管、搅拌棒和贝克曼温度计三次，余下的倒入样品管中，按照测量水的凝固点的方法测定该溶液凝固点的近似值和精确值。

五、数据记录和处理

1. 将测定的数据填入表 2-7 中。

表 2-7　蒸馏水和葡萄糖水溶液温度随时间变化

时间（s）	蒸馏水的温度 T（K）	葡萄糖水溶液的温度 T（K）

2. 根据记录的数据分别画出纯溶剂水和葡萄糖水溶液的步冷曲线，用外推法确定其凝固点，并求出凝固点的降低值 ΔT_f。

3. 根据 ΔT_f 值计算葡萄糖的摩尔质量，并分析其误差。

六、注意事项

1. 实验过程中，观察是否有冰析出时，不可将样品管从冰浴中取出，应通过温度的变化来判断溶液中相的变化。

2. 搅拌速度的控制是做好本实验的关键，测定时应按要求的速度搅拌，且测纯溶剂与溶液凝固点时搅拌速度要尽量一致。

3. 测量溶液凝固点时应控制不使温度过冷太多，否则影响结果的准确性。

七、思考题

1. 精确测量时套管有何作用？
2. 过冷太多对实验结果有何影响？
3. 溶质用量选择的原则是什么？溶质太多或太少会对实验结果产生什么影响？

八、预习要求

1. 复习稀溶液的依数性，了解稀溶液凝固点降低的原因。
2. 了解凝固点测定仪的使用方法。

实验五　液相反应平衡常数和反应热的测定

一、实验目的

1. 掌握　用分光光度计测定液相反应平衡常数、反应热的原理和方法。

2. 熟悉　液相反应平衡常数的表示方法及温度对平衡常数的影响。

3. 了解　热力学平衡常数的数值与反应物起始浓度无关。

二、实验原理

Fe^{3+} 与 SCN^- 在溶液中可生成一系列的配离子，并共存于同一个平衡体系中。当 SCN^- 浓度增加时 Fe^{3+} 与 SCN^- 生成配离子的组成发生如下的改变

$$Fe^{3+} + SCN^- \longrightarrow [Fe(SCN)]^{2+} \longrightarrow [Fe(SCN)_2]^+$$

$$\longrightarrow [Fe(SCN)_3] \longrightarrow [Fe(SCN)_4]^- \longrightarrow [Fe(SCN)_5]^{2-}$$

这些配离子的颜色不同。由图 2-13 可知，当离子浓度很低时（一般应小于 5×10^{-3} mol/L），SCN^- 与 Fe^{3+} 只进行如下的反应

$$Fe^{3+} + SCN^- \Longleftrightarrow [Fe(SCN)]^{2+}$$

即反应被控制在仅生成 $[Fe(SCN)]^{2+}$ 的程度。其平衡常数表示为

$$K_c = \frac{c_{[Fe(SCN)]^{2+},\text{平}}}{c_{Fe^{3+},\text{平}} \cdot c_{SCN^-,\text{平}}} \qquad (2-11)$$

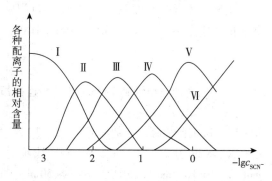

图 2-13　SCN^- 浓度对配离子组成的影响

由于 Fe^{3+} 在水溶液中存在水解平衡，Fe^{3+} 与 SCN^- 的实际反应很复杂。其反应机制为

$$Fe^{3+} + SCN^- \underset{k_{-1}}{\overset{k_1}{\rightleftharpoons}} [Fe(SCN)]^{2+}$$

$$Fe^{3+} + H_2O \overset{k_2}{\longrightarrow} [Fe(OH)]^{2+} + H^+ \qquad (\text{快})$$

$$[Fe(OH)]^{2+} + SCN^- \underset{k_{-3}}{\overset{k_3}{\rightleftharpoons}} [Fe(OH)(SCN)]^+$$

$$[Fe(OH)(SCN)]^+ + H^+ \overset{k_4}{\longrightarrow} [Fe(SCN)]^{2+} + H_2O \qquad (\text{快})$$

当反应达到平衡时，整理得

$$\frac{c_{[Fe(SCN)]^{2+},\text{平}}}{c_{Fe^{3+},\text{平}} \cdot c_{SCN^-,\text{平}}} = \frac{k_1 + \dfrac{k_2 k_3}{c_{H^+,\text{平}}}}{k_{-1} + \dfrac{k_{-3}}{k_4 \cdot c_{H^+,\text{平}}}} = K_c$$

由上式可见，平衡常数受 H^+ 浓度的影响，因此本实验只能在相同 pH 值下进行。

本实验为液相中的离子平衡反应，离子强度必然对平衡常数产生很大影响，所以在各被测溶液中离子强度 I 应保持一致。

由于 Fe^{3+} 可与多种阴离子发生配位反应，所以应考虑到试剂的选择。当溶液中有 Cl^-、PO_4^{3-} 等阴离子存在时会明显地降低 $[Fe(SCN)]^{2+}$ 的浓度，从而使溶液的颜色减弱，甚至完全消失，故实验中应避免 Cl^-、PO_4^{3-} 的参与，最好选择 $FeNH_4(SO_4)_2$。

根据 Lambert - Beer 定律可知，稀溶液中吸光度与溶液浓度成正比。因此，可用分光光度计测定其吸光度，从而计算出平衡时 $[Fe(SCN)]^{2+}$ 的浓度以及 Fe^{3+} 和 SCN^- 的浓度，进而求出该反应的平衡常数 K_c。通过测量两个温度下的平衡常数，可根据式（2 - 12）计算出反应的恒压反应热 $\triangle_r H_m$。

$$\triangle_r H_m = \frac{RT_2 T_1}{T_2 - T_1} \ln \frac{K_2}{K_1} \tag{2-12}$$

式中，K_1、K_2 为温度 T_1、T_2 时的平衡常数。

三、仪器与药品

仪器　722 型分光光度计（附比色皿）1 台，超级恒温槽 1 台，容量瓶（50ml）4 个，吸量管（5ml）1 支，吸量管（10ml）4 支

药品　1×10^{-3} mol/L NH_4SCN（需准确标定），0.1mol/L $FeNH_4(SO_4)_2$（需准确标定 Fe^{3+} 浓度，并加入硝酸使溶液的 H^+ 浓度为 0.1mol/L），1mol/L HNO_3，1mol/L KNO_3

四、实验操作

1. 准备工作　将 722 型分光光度计波长调到 460nm 处，并连接恒温槽，恒温槽温度设置25℃。

2. 配制四种溶液　取四个 50ml 容量瓶，分别编号 1、2、3、4。配制离子强度为 0.7，H^+ 浓度为 0.15 mol/L，SCN^- 浓度为 2×10^{-4} mol/L，Fe^{3+} 浓度分别为 5×10^{-2} mol/L、1×10^{-2} mol/L、5×10^{-3} mol/L、2×10^{-3} mol/L 的四种溶液各 50ml。先计算出所需的标准溶液量，填入表 2 - 8 中。

表 2 - 8　配制四种溶液所需标准溶液的体积

溶液编号	1	2	3	4
$V(NH_4SCN)$(ml)				
$V[FeNH_4(SO_4)_2]$(ml)				
$V(HNO_3)$(ml)				
$V(KNO_3)$(ml)				

根据计算结果，配制四种溶液，并置于恒温槽中恒温。

3. 测定溶液的吸光度 取少量已恒温的 1 号溶液润洗比色皿两次，把溶液注入比色皿并置于恒温座架中恒温 15min，测量溶液的吸光度。更换溶液，重复测三次取其平均值。用同样的方法测量 2、3、4 号溶液的吸光度。

4. 测定 35℃时的数据 在 35℃下，重复上述实验。

五、数据记录和处理

将测得的数据填入表 2 - 9 中。平衡溶液中各物质浓度的计算方法如下：

对于 1 号溶液，因为 SCN^- 浓度很低，反应达平衡时可认为 SCN^- 全部消耗掉，平衡时 $[Fe(SCN)]^{2+}$ 的浓度可近似地认为等于 SCN^- 的初始浓度。即有

$$c_{[Fe(SCN)]^{2+},平(1)} = c_{SCN^-,始}$$

将 2、3、4 号溶液的吸光度除以 1 号溶液的吸光度，求出各溶液的吸光度比。2、3、4 号各溶液中 $c_{[Fe(SCN)]^{2+},平}$、$c_{Fe^{3+},平}$、$c_{SCN^-,平}$ 可分别按下式求得

$$c_{[Fe(SCN)]^{2+},平} = 吸光度比 \times c_{[Fe(SCN)]^{2+},平(1)} = 吸光度比 \times c_{SCN^-,始}$$

$$c_{Fe^{3+},平} = c_{Fe^{3+},始} - c_{[Fe(SCN)]^{2+},平}$$

$$c_{SCN^-,平} = c_{SCN^-,始} - c_{[Fe(SCN)]^{2+},平}$$

将各物质的平衡浓度代入式（2 - 11），计算平衡常数 K_c 值；利用不同温度下的平衡常数，根据式（2 - 12）计算反应的恒压反应热填入表 2 - 9。

表 2 - 9 液相平衡实验记录

恒温温度：_____ 气压：_____

容量瓶号	$c_{Fe^{3+},始}$	$c_{SCN^-,始}$	吸光度	吸光度比	$c_{[Fe(SCN)]^{2+},平}$	$c_{Fe^{3+},平}$	$c_{SCN^-,平}$	K_c
1				—				—
2								
3								
4								

六、注意事项

1. SCN^- 的浓度小于 5×10^{-3} mol/L，以保证只生成配合比为 1：1 的 $[Fe(SCN)]^{2+}$。

2. 本实验为液相中离子平衡反应，各被测液中的离子强度要保持一致。

3. 在实验过程中应避免 Cl^-、PO_4^{3-} 等阴离子对 Fe^{3+} 的影响。

4. 在吸光度的测定过程中要保持温度的恒定。

七、思考题

1. 如 Fe^{3+}、SCN^- 浓度较大时则不能按公式来计算，为什么？

2. 为什么可用 $c_{[Fe(SCN)]^{2+},平} = 吸光度比 \times c_{SCN^-,始}$ 来计算 $[Fe(SCN)]^{2+}$ 的平衡浓度？

八、预习要求

1. 复习平衡常数及不随温度变化的恒压反应热的计算。

2. 复习离子强度 I 的计算。

3. 了解分光光度计的使用方法。

实验六　配合物的组成及稳定常数的测定

一、实验目的

1. 掌握　等摩尔系列法测定配合物组成和稳定常数的原理和方法；用图解法处理实验数据的方法。

2. 熟悉　分光光度计的使用方法。

3. 了解　分光光度计的工作原理。

二、实验原理

磺基水杨酸（2 - 羟基 - 5 - 磺基苯甲酸，简式为 H_3R）可以与 Fe^{3+} 形成稳定的配合物。配合物的组成随溶液 pH 值的不同而改变。在 pH = 2 ~ 3、4 ~ 9、9 ~ 11 时，磺基水杨酸与 Fe^{3+} 能分别形成三种不同颜色、不同组成的配离子。pH 为 2 ~ 3 时，生成 1∶1 的紫红色螯合物，反应可表示如下。

$$Fe^{3+} + \text{(structure)} \rightleftharpoons [\text{structure}]^+ + 2H^+$$

pH 为 4 ~ 9 时，生成 1∶2 的红色螯合物；pH 为 9 ~ 11 时，生成 1∶2 的黄色螯合物；pH > 12 时，有色螯合物被破坏而生成 $Fe(OH)_3$ 沉淀。本实验是测定 pH = 2 ~ 3 时所形成的紫红色磺基水杨酸合铁（Ⅲ）配离子的组成及其稳定常数。所测溶液中磺基水杨酸是无色的，Fe^{3+} 溶液的浓度很小，也可认为是无色的，只有磺基水杨酸合铁（Ⅲ）配离子（MR_n）是有色的。

根据 Lambert - Beer 定律 $A = \varepsilon bc$ 可知，当波长 λ、溶液的温度 T 及比色皿的厚度 b 均一定时，溶液的吸光度 A 只与配离子的浓度 c 成正比。对于配合物体系而言，如果组成配合物的中心离子和配体的吸收光谱与配合物的吸收光谱不重合，就可以选择对配合物有较大吸收的波长，测得平衡体系的吸光度，从而求出配合物的浓度。通过测定某物质的一系列已知浓度溶液的吸光度，以 A 为纵坐标，c 为横坐标，绘制 $A - c$ 标准曲线，即可从标准曲线上求出该物质任意未知溶液的浓度。

磺基水杨酸（L）与 Fe^{3+}（M）离子形成配合物的反应平衡常数（即稳定常数）$K_{稳}$ 为

$$M + nL \rightleftharpoons ML_n$$

$$K_{稳} = \frac{c_{[ML_n], 平衡}}{c_{L, 平衡}^n \, c_{M, 平衡}} \quad\quad (2 - 13)$$

本实验采用等摩尔系列法测定磺基水杨酸（L）与 Fe^{3+}（M）离子在 pH = 2 ~ 3 时形成的紫红色配合物的组成及稳定常数。即用物质的量浓度相同的 M 和 L 溶液按不同的体积比配制一系列等摩尔溶液，保持各溶液中的金属离子浓度和配体浓度之和不变，但二者的比例递变，测定各溶液的吸光度，当金属离子和配体物质的量的比值与配合物中二者组成比相同时，生成的配合物浓度最大，溶液的吸光度 A 也最大。在"吸光度 - 组成（摩尔分数）"曲线上将出现极大值，如图 2 – 14 所示。极大值对应的配体与金属离子物质的量的比即为配合物的组成。

$$配体摩尔分数 = \frac{配体物质的量}{总物质的量}$$

$$中心离子摩尔分数 = \frac{中心离子物质的量}{总物质的量}$$

$$n = \frac{配体摩尔分数}{中心离子摩尔分数}$$

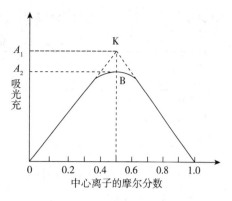

图 2 – 14 吸光度 – 组成图

最大吸光度 K 点可被认为 M 和 L 全部形成配合物时的吸光度，其值为 A_1。由于配离子有一部分离解，所以实验测得的最大吸光度在 B 点，其值为 A_2，因此配离子的解离度 α 可表示为

$$\alpha = \frac{A_1 - A_2}{A_1} \qquad (2 - 14)$$

如配合物组成为 1 : 1，则由下式可导出稳定常数 $K_稳$

$$M + L \Longrightarrow ML$$

平衡浓度 $\qquad\qquad c\alpha \qquad c\alpha \qquad c(1-\alpha)$

$$K_稳 = \frac{c_{[ML],平衡}}{c_{M,平衡}c_{L,平衡}} = \frac{1-\alpha}{c\alpha^2} \qquad (2 - 15)$$

式中，c 是相应于 K 点的金属离子浓度（这里的 $K_稳$ 是没有考虑溶液中 Fe^{3+} 的水解平衡和磺基水杨酸电离平衡的表观稳定常数）。

三、仪器与药品

仪器 S22PC 型分光光度计 1 台，酸式滴定管（50ml）2 支，容量瓶（250ml）2 个，比色管（25ml）14 支

药品 0.001mol/L 磺基水杨酸（调 pH 至 2.6 ~ 2.8），0.001mol/L $FeCl_3$（调 pH 至 2.6 ~ 2.8）

四、实验操作

1. 溶液的配制 配制 pH 为 2.6 ~ 2.8 的 0.001mol/L 的磺基水杨酸与 0.001mol/L $FeCl_3$ 溶液。

2. 溶液吸光度的测定 用 2 支滴定管分别装入上述二溶液，按表 2 – 10 比例配制一系列混合溶液，用分光光度计测定其吸光度。

表 2 – 10 混合溶液配制表

	编号								
	1	2	3	4	5	6	7	8	9
磺基水杨酸溶液（ml）	18	16	14	12	10	8	6	4	2
$FeCl_3$ 溶液（ml）	2	4	6	8	10	12	14	16	18

五、数据记录和处理

1. 把测得的不同反应体系溶液的吸光度记录于表 2 – 11，以吸光度为纵坐标，以摩尔

分数为横坐标作图，并由两条直线的交点求出最大吸光度。

表 2 – 11　不同反应体系溶液的吸光度

	编号								
	1	2	3	4	5	6	7	8	9
磺基水杨酸溶液（ml）	18	16	14	12	10	8	6	4	2
FeCl₃ 溶液（ml）	2	4	6	8	10	12	14	16	18
吸光度									

2. 确定配合物的组成并计算其稳定常数。

六、注意事项

1. 更换溶液时，比色皿应用蒸馏水洗净，并用待测液润洗 2～3 次。
2. 注意分光光度计的正确使用与维护。
3. 比色皿不能乱拿，要专机专用。

七、思考题

1. 影响平衡常数准确测定的因素有哪些？
2. 用等摩尔系列法测定配合物组成时，为什么说溶液中金属离子的物质的量与配体的物质的量之比正好与配离子组成相同时，配离子的浓度为最大？

八、预习要求

1. 复习等摩尔系列溶液的配制方法。
2. 复习配位化合物理论。
3. 复习分光光度计的工作原理和操作方法。

实验七　分配系数的测定

一、实验目的

1. **掌握**　测定苯甲酸在乙酸乙酯和水体系中分配系数的方法。
2. **熟悉**　分液漏斗、滴定管等的使用方法。
3. **了解**　物质在两相间的分配情况和分子形态。

二、实验原理

分配定律：在定温定压情况下，当一种溶质溶解在两种互不相溶的溶剂中，且在两相中既不发生解离，也不发生缔合，则该溶质在两相中的浓度比值为一常数，这种关系称为分配定律，其数学表达式为

$$K = \frac{c_A}{c_B} \qquad\qquad (2-16)$$

式中，c_A 为溶质在溶剂 A 中的浓度，c_B 为溶质在溶剂 B 中的浓度，K 为溶质在两相中的分

配系数。严格说，该溶质在两相中的活度比才是常数，因此，上式只适用于稀溶液。

在某些体系中，由于分子的缔合或者解离现象，式（2－16）就不适用；如果该溶质在溶剂 A 中不解离也不缔合，而在 B 中缔合成双分子，那么分配系数可用下面的公式

$$K = \frac{c_A^2}{c_B} \tag{2-17}$$

所以，结合以上两个公式，可确定苯甲酸在两种溶剂中的分子形态，即若 K 值满足式（2－16）时，溶质在两相中既不发生解离，也不发生缔合；若 K 值满足式（2－17）时，溶质在溶剂 A 中不解离也不缔合，而在 B 中缔合成双分子。

三、仪器与药品

仪器 125ml 分液漏斗 3 个，25ml 碱式滴定管 1 个，25ml 移液管 2 个，125ml 锥形瓶 3 个

药品 苯甲酸（A.R），乙酸乙酯（A.R），0.01mol/L NaOH 标准溶液（以实际标定为准），酚酞指示剂

四、实验操作

1. 萃取、分离 取 3 个洁净的 125ml 分液漏斗，标明号码，分别准确称量 0.8g、1.2g、1.6g 苯甲酸，并用移液管分别向 3 个分液漏斗中注入 25ml 乙酸乙酯和 25ml 蒸馏水（不含 CO_2）。塞紧分液漏斗，在室温下多次激烈振摇。摇动时，切勿用手握漏斗的膨大部分，避免体系的温度改变。振摇 0.5h 后，静置分层，溶液澄清、透明，下层是水相，上层是乙酸乙酯相。

2. 水层的分析 取下层溶液 5ml 置于洁净的锥形瓶，加入 25ml 蒸馏水和 1 滴酚酞指示剂，用 NaOH 标准溶液滴定。记下消耗 NaOH 溶液的准确体积 V_{NaOH}，再重复测定两次，取三次测定的平均值作为 NaOH 溶液的消耗体积 V_{NaOH}。三次测定的相对平均偏差应小于 0.2%。

3. 乙酸乙酯层的计算 c_B 的计算如下

$$c_B = \frac{\frac{m}{M} - 5 \times c_{NaOH} V_{NaOH}}{25 \times 10^{-3}} \tag{2-18}$$

式中，M 为 122.12g/mol。

4. 测定苯甲酸在乙酸乙酯和水中的分配系数 用上述方法依次测定第 2、3 号分液漏斗中水层苯甲酸的浓度，并计算出乙酸乙酯层中苯甲酸的浓度。

五、数据记录和处理

1. 将实验数据及计算的苯甲酸在水层和乙酸乙酯层中的浓度等数据填入表 2－12 中。

表 2－12 数据记录

编号	下层用 NaOH（ml）	c_A	c_B	c_A/c_B	c_A^2/c_B
1					
2					
3					
平均值					

2. 求出分配系数的平均值，确定苯甲酸在两相中的缔合情况。

六、注意事项

1. 使用分液漏斗前，要检查是否漏液，活塞是否堵塞。
2. 读数时，要平视滴定管中凹液面的最低点读取溶液的体积。
3. 滴定时，注意观察滴落点周围颜色的变化，以免过了滴定终点，造成人为误差。
4. 注意应按照由低到高的浓度顺序测量样品的分配系数。

七、思考题

1. 测定分配系数是否要求恒温？实验中如何实现？
2. 为什么摇动分液漏斗时，不要用手接触分液漏斗的膨大部分？

八、预习要求

1. 预习分配定律在萃取中的应用。
2. 复习分液漏斗的使用方法。

实验八　液体饱和蒸气压的测定

一、实验目的

1. **掌握**　静态法测定液体饱和蒸气压的原理和方法。
2. **熟悉**　用图解法求被测液体的平均摩尔蒸发焓和正常沸点。
3. **了解**　纯液体的饱和蒸气压与温度的关系，Clausius – Clapeyron 方程的意义。

二、实验原理

1. 饱和蒸气压　一定温度下，纯液体与其蒸气达平衡时的蒸气压称为该温度下液体的饱和蒸气压，简称为蒸气压。液体的饱和蒸气压与温度有关，温度升高，分子运动加速，因而在单位时间内从液相进入气相的分子数增加，蒸气压升高。当液体的蒸气压与外压相等时，液体便沸腾，此时的温度称为沸点。外压为 101.325kPa 时，液体沸腾的温度称为该液体的正常沸点。

纯液体的饱和蒸气压与温度的关系服从 Clausius – Clapeyron 方程

$$\frac{\mathrm{d}\ln p^*}{\mathrm{d}T} = \frac{\Delta_{vap}H_m}{RT^2} \qquad (2-19)$$

式中，p^* 为纯液体在温度 T 时的饱和蒸气压；T 为热力学温度；$\Delta_{vap}H_m$ 为液体摩尔蒸发焓；R 为气体常数。如果温度变化的范围不大，$\Delta_{vap}H_m$ 可视为常数，当作平均摩尔蒸发焓。将上式积分得

$$\ln p^* = -\frac{\Delta_{vap}H_m}{RT} + C \qquad (2-20)$$

式中，C 为积分常数。

由式（2-20）可知，在一定温度范围内，测定不同温度下的饱和蒸气压，以 $\ln p^*$ 对 $1/T$ 作图，可得一条直线。由该直线的斜率可求出实验范围内液体的平均摩尔蒸发焓。从图中也可外推求出沸点或其他温度下的饱和蒸气压。

2. 饱和蒸气压的测量方法 测定饱和蒸气压常用的方法有动态法、静态法和饱和气流法等。本实验采用静态法测液体的饱和蒸气压，此法适用于蒸气压比较大的液体，如水、乙醇等。

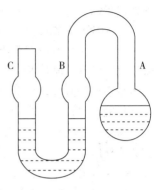

图 2-15 平衡管装置示意图

实验中，将待测物质放在一个封闭体系中，在不同的温度下的饱和蒸气压用平衡管（又称等压计）进行直接测定。如图 2-15 所示，平衡管由一个球管（A）与一个 U 形管（B 和 C）连接而成，待测物质置于球管内，U 形管中也放置一定量液体，将平衡管和抽气系统、压力计连接，如图 2-16 所示。在一定温度下，当控制 U 形管中的液面在同一水平面时，表明 U 形管两臂液面上方的压力相等，记下此时的温度和压力，则压力计的示值即该温度下液体的饱和蒸气压，此时的温度即该压力下的沸点。U 形管中的液体起液封和平衡指示作用。

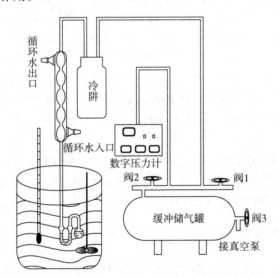

图 2-16 饱和蒸气压测定装置示意图

三、仪器与药品

仪器 SYP 型玻璃恒温水浴 1 套，平衡管（带冷凝管）1 支，SWQ-I$_A$ 智能数字恒温控制器 1 台，DP-AF 精密数字压力计 1 台，缓冲储气罐 1 台，真空泵 1 台，橡胶管

药品 蒸馏水（或无水乙醇）

四、实验操作

1. 装样 在平衡管内装入适量待测液体。球管内约 2/3 体积，U 形管两边各 1/2 体积，然后按图 2-16 连接好各部分。各个接头处用短而厚的橡皮管连接，然后再用凡士林密封

好（此步骤实验室可提前装好）。

2. 压力计采零 关闭缓冲储气罐的平衡阀 2，打开平衡阀 1，此时 DP - AF 精密数字压力计所测压力即为当前大气压，按下压力计面板上的采零键，显示值为 00.00 数值（即当前压力与大气压的差值为零）。

3. 系统气密性检查 关闭平衡阀 1，开启真空泵，依次打开平衡阀 3 和平衡阀 2，抽气减压至压力计显示一定负压值（通常为 -60kPa 左右）时，关闭平衡阀 3，使系统与真空泵、大气皆不相通。观察压力计的示数，如果压力计的示数能在 3~5min 内维持不变，或显示数字下降值 <0.01kPa/s，则表明系统不漏气，否则应逐段检查，消除漏气因素。

4. 排除 AB 弯管内的空气 AB 弯管空间内的压力包括两部分：一是待测液的蒸气压，另一部分是空气的压力。测定时，必须排除其中的空气，才能保证 B 管液面上的压力为液体的蒸气压。

排除方法：将恒温水浴调至第一个温度值（一般比室温高 2℃），接通冷凝水，开启搅拌器匀速搅拌，使平衡管内外温度平衡，抽气减压（气泡逸出的速度以单个逸出为宜，不能成串地冲出）至液体轻微沸腾，此时 AB 弯管内的空气不断随蒸气经 C 管逸出，如此 3~5min，可认为空气被排除干净。

5. 饱和蒸气压的测定 当空气被排除干净且体系温度恒定后，关闭平衡阀 2，旋转平衡阀 1 缓缓放入空气（不可太快，以免空气倒灌入 AB 弯管中，如发生空气倒灌，则须重新排除空气），直至 B、C 管中液面平齐，迅速关闭平衡阀 1，记录温度与压差（如空气放入过多，C 管液面低于 B 管液面，须抽气，再调平齐）。然后，将恒温水浴温度升高 3~5℃，随着温度升高，液体的饱和蒸气压增大，待测液体再次沸腾。为了避免 B、C 管中的液体大量蒸发，应随时打开平衡阀 1 缓缓放入少量空气保持 C 管中液面平静，无气泡冒出。当体系温度恒定后，放入空气使 B、C 管液面再次平齐，记录温度和压差。依次升高温度，间隔为 3~5℃，测定 7~8 个值。

实验完毕后，关闭所有电源，将系统放入空气，整理好仪器装置。

另外，也可以沿温度降低方向测定。温度降低，饱和蒸气压减小。可用水浴缸中加冷水的方法来达到降温。其他操作与上面相同。

五、数据记录和处理

1. 由测定的温度 t，计算 $\frac{1}{T}$，由对应的液体饱和蒸气压 p 值计算出 $\ln p$，并列于表 2-13 中。

2. 绘制 $\ln p$ - $\frac{1}{T}$ 图（若用绘图软件进行绘图，则先作散点图，然后对其进行线性拟合）。

3. 由图中直线斜率，计算平均摩尔蒸发焓。

4. 由图外推求出水（或乙醇）的正常沸点。

表 2-13 饱和蒸气压实验数据记录与处理

$p_{大气}$(kPa)	t (℃)	Δp(kPa)	p(kPa)	T(K)	$\ln p$	$1/T$

六、注意事项

1. 减压系统不能漏气，否则抽气时达不到实验要求的真空度。为了防止空气倒灌，抽气时要先开真空泵再开阀 3，关闭时要先关阀 3 再关真空泵。

2. AB 弯管内的空气必须排除干净，使 B 管液面上方只含待测液体的蒸气，因为若混有空气，则测定结果便是待测液体的蒸气与空气混合气体的总压力而不是待测液体的饱和蒸气压。检查方法是：连续两次排空气，使液面相平操作后的 U 型管压力值一致或者 <0.06kPa 即可认为空气已经被排除干净。

3. 升温法测定中，打开平衡阀 1 进空气时，开启速度切不可太快，以免空气倒灌入 AB 弯管中，如发生倒灌，必须重新排除空气。

4. 降温法测定中，当 B、C 两管中的液面平齐时，读数要迅速，读毕应立即打开阀 2 抽气减压，防止空气倒灌。若发生倒灌现象，必须重新排除 AB 弯管内的空气。

七、思考题

1. 如何判断球管液面上的空气是否被排净？若未排除干净，对实验结果有何影响？

2. 如何防止 U 形管中的液体倒灌入球管 A 中？若倒灌时带入空气，实验结果有何变化？

3. 分析引起本实验误差的因素有哪些？

4. 本实验方法是否可用于测定溶液的蒸气压？

八、预习要求

1. 复习 Clausius – Clapeyron 方程的相关知识。

2. 了解饱和蒸气压的概念，掌握沸点、正常沸点的概念和区别。

实验九　完全互溶双液系的平衡相图

一、实验目的

1. 掌握　非理想完全互溶双液系环己烷 – 乙醇的 $T - x$ 相图的绘制方法。

2. 熟悉　沸点仪和阿贝折射仪的使用方法。

3. 了解　阿贝折射仪的构造和原理。

二、实验原理

常温下，任意两种液体混合组成的系统称为双液系。若两液体能按任意比例相互溶解，则称完全互溶双液系；若只能部分互溶，则称部分互溶双液系。双液系的沸点不仅与外压有关，还与双液系的组成有关。恒压下将完全互溶双液系蒸馏，测定馏出物（气相）和蒸馏液（液相）的组成，就能找出平衡时气、液两相的组成并绘出 $T - x$ 相图。

通常，如果液态混合物的蒸气压与浓度之间的关系和拉乌尔定律的偏差不大，在 $T - x$

相图上溶液的沸点介于 A、B 二纯液体的沸点之间,见图 2-17(a);如果因 A、B 二组分分子间的相互影响,液态混合物的蒸气压与浓度的关系和拉乌尔定律偏差较大,在 $T-x$ 图上就会有最高点或最低点出现,这些点称为恒沸点,恒沸点处对应组成的溶液称为恒沸混合物,如图 2-17(b)(c)所示。恒沸混合物蒸馏时,所得的气相与液相组成相同,因此通过蒸馏无法改变其组成或将两种液体分离。

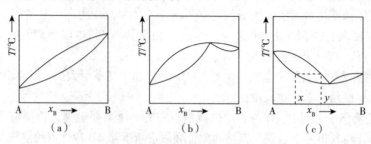

图 2-17 完全互溶双液系的相图

本实验采用回流冷凝的方法绘制环己烷-乙醇体系的 $T-x$ 相图,其方法如下:①先测定一系列已知浓度的环己烷-乙醇混合物的折射率,作出在一定温度下该混合物的折射率-组成工作曲线;②在大气压下,采用沸点仪测定一系列不同组成的环己烷-乙醇溶液达到气-液平衡时的温度,该温度即为溶液的沸点,同时用阿贝折射仪测定该温度时平衡的气相及液相的折射率;③由折射率-组成工作曲线和某温度平衡的气相及液相的折射率,按内插法就可获得该气相、液相的组成,或拟合折射率和组成关系方程,然后将测得的折射率代入方程中求得某温度平衡时气相及液相的组成;④以温度 T 为纵坐标,两相组成 x 为横坐标作图,即可得到环己烷-乙醇体系的 $T-x$ 相图。

沸点仪(图 2-18)为一带有回流冷凝管的长颈圆底烧瓶,冷凝管底部有一球形小室,用来收集冷凝后的气相样品;液相样品则可直接从侧管取得。

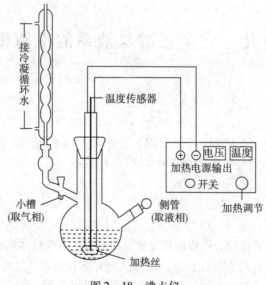

图 2-18 沸点仪

三、仪器与药品

仪器 沸点仪 1 套，阿贝折射仪（包括恒温槽）1 套，吸量管（1ml、5ml）各 2 支，移液管（10ml）2 支，EP 管（1.5ml）10 支，胶头滴管 10 支

药品 环己烷（A.R）（密度 0.778 ~ 0.779g/ml），无水乙醇（A.R）（密度 0.789 ~ 0.791g/ml）

四、实验操作

1. 调节恒温槽及校正阿贝折射仪 调节与阿贝折射仪连接的超级恒温水浴温度为 25 ± 0.20℃，通恒温水于阿贝折射仪中。恒温 10min 后，用重蒸馏水测定阿贝折射仪的读数校正值。水的折射率见表 2 - 14。

表 2 - 14 水在不同温度下的折射率

$t(℃)$	20	21	22	23	24	25	26	27	28	29	30
n	1.3330	1.3329	1.3328	1.3327	1.3326	1.3325	1.3324	1.3322	1.3321	1.3321	1.3319

2. 工作曲线的绘制 方法 I：将 9 支 EP 管编号，依次准确移入 0.10、0.20……0.90ml 的环己烷，然后依次移入 0.90、0.80……0.10ml 的无水乙醇，轻轻摇动，混合均匀，配成 9 份已知浓度的溶液（按纯样品的密度，换算成质量分数或摩尔分数）。用阿贝折射仪测定每份溶液的折射率及纯环己烷和纯无水乙醇的折射率。以折射率对浓度作图，即得工作曲线。

方法 II：按纯样品的密度计算，准确配制环己烷 - 乙醇标准溶液，含乙醇摩尔分数分别为 0、0.10、0.20、0.40、0.60、0.70、0.80、0.90、1.00 的溶液各 1ml。用阿贝折射仪测定每份溶液的折射率。以折射率对浓度作图，即得工作曲线。

3. 环己烷 - 乙醇溶液的沸点与组成的测定 取洁净干燥的沸点仪，向沸点仪蒸馏瓶内加入 20ml 环己烷，按图 2 - 18 连接仪器，将电加热丝、温度传感器的感温探头浸入液体。打开循环水，接通电源，调节电压使液体温度升高至沸点，温度传感器示数保持恒定后，记下沸点温度并停止加热。向蒸馏瓶内加入 0.2ml 乙醇，加热使沸点仪中溶液再次沸腾。最初冷凝管下端袋状部（图中小槽）的冷凝液不能代表平衡时的气相组成，需将袋状部的最初冷凝液体倾回沸点仪的蒸馏瓶，并反复 2 ~ 3 次，待溶液沸腾且温度读数恒定后，记录溶液沸点并停止加热。冷却至室温后，用毛细滴管从气相冷凝液取样口吸取气相样品，把所取的样品迅速滴入阿贝折射仪中，测其折射率 n_g。再用另一支滴管从侧管吸取沸点仪中的溶液，测其折射率 n_l。然后依次加入 0.5、1、1、2、2、3、5ml 的乙醇，分别测定沸点及气相、液相折射率。

上述实验完毕后，将溶液从蒸馏瓶倒出，用乙醇清洗蒸馏瓶 2 ~ 3 次，然后加入 20ml 乙醇，测定其沸点。再依次加入 1、1、2、2、3、5、5ml 的环己烷，按上述操作测定沸点及气相、液相折射率。

由实验数据绘制 $T - x$ 草图，根据图形决定补测若干点的数据。

五、数据记录和处理

1. 将步骤 2 中所测数据填入表 2 - 15 中，绘制工作曲线。

室温_____℃ 　　　　阿贝折射仪恒温温度_____℃

表 2 – 15　环己烷 – 乙醇标准溶液折射率测定

乙醇的摩尔分数（x）						
折射率（n_D^{25}）						

2. 将步骤 3 测得的沸点及气相、液相组成折射率记录于表 2 – 16 中，并插入工作曲线，求出摩尔分数，填写在表中对应位置。

表 2 – 16　环己烷 – 乙醇溶液沸点 – 组成测定

混合溶液的体积组成		沸点（℃）	气相冷凝液分析		液相分析	
每次加环己烷（ml）	每次加乙醇（ml）		折射率	乙醇摩尔分数	折射率	乙醇摩尔分数
20						
–	0.2					
–	0.5					
–	1					
–	1					
–	2					
–	2					
–	3					
–	5					
–	20					
1	–					
1	–					
2	–					
2	–					
3	–					
5	–					
5	–					

3. 绘制环己烷 – 乙醇的 $T – x$ 相图，在图中找出最低恒沸点及恒沸混合物的组成。

六、注意事项

1. 实验中可调节加热电压来控制回流速度的快慢，电压不可过大，能使待测液体沸腾即可。加热丝不能露出液面，一定要被待测液体浸没。

2. 在每一份样品的蒸馏过程中，由于整个体系的成分不可能保持恒定，因此平衡温度会略有变化，特别是当溶液中两种组成的量相差较大时，变化更为明显。因此每加入一次样品后，正常回流 1 ~ 2min 后，即可取样测定。

3. 每次取样量不宜过多，能够在折射镜表面覆盖薄的一层样品溶液即可。取样时滴管一定要干燥，不能留有上次的残液，气相冷凝液小槽中取样后剩余的液体应倾回蒸馏瓶。

4. 整个实验过程中，通过阿贝折射仪的水温要恒定，使用阿贝折射仪时，棱镜不能触及硬物（如滴管），擦拭棱镜要用擦镜纸。

七、思考题

1. 该实验中，测定工作曲线时折射仪的恒温温度与测定样品时折射仪的恒温温度是否需要保持一致？为什么？

2. 过热现象对实验产生什么影响？如何在实验中尽可能避免？

3. 在连续测定法实验中，样品的加入量应十分精确吗？为什么？

八、预习要求

1. 复习完全互溶双液系有较大正、负偏差双液系相图，掌握相图特点、最低（最高）恒沸点。

2. 了解阿贝折射仪的原理及使用方法。

实验十　部分互溶三组分系统相图的绘制

一、实验目的

1. **掌握**　相律及等边三角形坐标表示三组分相图的方法。
2. **熟悉**　溶解度法绘制部分互溶三组分系统相图（溶解度曲线）。
3. **了解**　部分互溶三组分系统单相变两相或两相变单相的判别原理。

二、实验原理

对于三组分系统，根据相律 $f = K - \Phi + 2 = 3 - \Phi + 2 = 5 - \Phi$。因为 Φ 最小为 1，所以最大自由度数 $f = 4$。因而三组分系统有四个独立变量，即温度、压力和任意两个组分的浓度。恒温恒压下，如果三组分系统处于相平衡状态，此时 $f = 2$，成为双变量系统，即变量为任意两个组分的浓度，相图可用平面图来表示，一般用等边三角形来表示三组分系统的组成。

用等边三角形法作三组分系统相图，是用等边三角形的三个顶点 A、B、C 各代表一个纯组分，三角形的三条边 AB、BC、CA 分别代表由 A 和 B、B 和 C、C 和 A 所组成的二组分，而三角形内任意一点表示三组分系统，如图 2 - 19 所示。

图中 O 点的组成可确定为：将三角形每条边划分为一百等分，代表 100%，过 O 点作平行于三条边的直线，并交于 a、b、c 三点，则 $Oa + Ob + Oc = aa' + a'C + Ba = BC = CA = AB$，所以 O 点的 A、B、C 组成分别为 A% $= aa' = Cb$，B% $= a'C = Ac$，C% $= Ba$。

在乙醇（A）- 苯（B）- 水（C）三组分系统中，乙醇和苯、乙醇和水完全互溶，而苯和水部分互溶，如图 2 - 20 所示。图中 EOF 是溶解度曲线，曲线 EOF 以外是单相区，曲线 EOF 以内是共轭两相区，K_1L_1、K_2L_2 等称为连接线。当物系点从两相区转移到单相区，在通过

相分界线 *EOF* 时，系统将从浑浊变为澄清；而从单相区变到两相区通过 *EOF* 线时，系统则从澄清变为浑浊。因此，根据系统澄明度的变化，可以测定出 *EOF* 曲线，绘出相图。例如，当物系点为 *M* 时，系统中只含苯和水两种组分，此时系统为浑浊的两相，用乙醇滴定，则物系点沿 *MA* 线变化，当物系点变化到 *O* 点，系统变为澄清的单相，从而确定了一个终点 *O*；继续加入一定量的乙醇，系统保持澄清的单相，然后用水滴定，当系统出现浑浊时又会得到另一个终点。如此反复，即可得到一系列的滴定终点。但该方法由浑变清时终点不太明显。

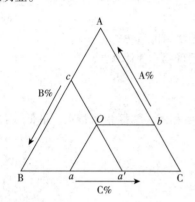

图 2 - 19　等边三角形表示三组分组成

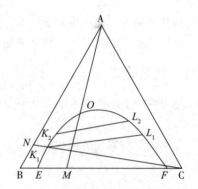

图 2 - 20　有一对部分互溶的三组分系统相图

三、仪器与药品

仪器　锥形瓶（125ml）2 个，酸式和碱式滴定管（50ml）各 2 支，移液管（2ml、1ml）各 2 支，移液管架 1 个，铁架台 1 个

药品　无水苯（A. R），无水乙醇（A. R）（密度 0.789 ~ 0.791g/ml），蒸馏水

四、实验操作

1. 向滴定管中装液　在一干净的酸式滴定管内装满乙醇至刻度线，碱式滴定管装蒸馏水至刻度线。

2. 往锥形瓶中加样　按表 2 - 17 所示的数值，用移液管准确移取纯苯 2.00ml，加入洁净且干燥的锥形瓶中，另用移液管准确移取 0.10ml 蒸馏水加入其中。

3. 滴定　用滴定管向锥形瓶中慢慢滴加乙醇，边加边剧烈振荡，至溶液恰由浊变清时停止滴加，此时即为终点，记下所加乙醇的体积，记入表 2 - 17 中。再向此溶液中加入 0.50ml 乙醇，用滴定管小心地慢慢滴加蒸馏水，边加边剧烈振荡，仔细观察，当溶液由清变浊时，记下所用蒸馏水的体积，记入表 2 - 17 中。按表 2 - 17 用量，继续交替加入蒸馏水或乙醇，然后用乙醇或蒸馏水滴定，如此反复进行由浊变清或由清变浊实验，直至实验结束。

五、数据记录和处理

1. 根据终点时溶液中各组分的实际体积，由手册查出实验温度时三种液体的密度，算出各组分的质量分数，记录于表 2 - 17 中。

表 2 –17　三组分系统相图实验记录

室温____；大气压____；苯密度____；水密度____；乙醇密度____

加入量	序号									
	1	2	3	4	5	6	7	8	9	10
苯体积（ml）	2.00									
每次加水体积（ml）	0.10		0.20		0.60		1.50		4.50	
加水体积合计（ml）										
每次加乙醇体积（ml）		0.50		0.90		1.50		3.50		7.50
加乙醇体积合计（ml）										
苯的质量（g）										
水的质量（g）										
乙醇的质量（g）										
总质量（g）										
苯的质量分数%										
水的质量分数%										
乙醇的质量分数%										
终点现象	由浊至清	由清至浊	由浊至清	由清至浊	由浊至清	由清至浊	由浊至清	由清至浊	由浊至清	由清至浊

2. 把表 2 –17 中三组分的质量分数的数据点，绘于三角坐标纸上，将各点连成平滑曲线，用虚线将曲线延伸到三角形两个顶点处，得到三组分系统的相图。

六、注意事项

1. 锥形瓶一定要保持洁净、干燥。
2. 移取试液时一定要精确。
3. 滴定时必须充分剧烈振荡，注意观察溶液清浊变化。

七、思考题

1. 在滴定过程中，若某次滴水量超过终点，是否需要倒掉溶液重新做实验？
2. 为什么要精确移取试液？

八、预习要求

1. 了解三角形表示法特征。
2. 了解本实验中的注意事项，如何判断系统单相还是两相。

实验十一　电极制备及原电池电动势的测定

一、实验目的

1. 掌握　对消法测定原电池电动势的原理和方法。

2. 熟悉　锌电极、铜电极的制备和处理方法。

3. 了解　电位差综合测试仪的使用方法。

二、实验原理

化学反应可设计成原电池。失去电子进行氧化反应的部分可作为阳极，获得电子进行还原反应的部分可作为阴极。原电池的书写习惯是左侧为负极，即阳极，右侧为正极，即阴极。符号"$|$"表示两相界面，液相与液相之间一般加上盐桥，以符号"$\|$"表示。可逆电池的电动势可看作正、负两个电极的电极电势之差。如正极的电极电势为 φ_+，负极的电极电势为 φ_-，电池的电动势为 E，则有

$$E = \varphi_+ - \varphi_-$$

以 Cu – Zn 原电池为例，其电极反应及电动势为：

电池符号　$Zn | ZnSO_4(1mol/L) \| CuSO_4(1mol/L) | Cu$

负极反应　$Zn \longrightarrow Zn^{2+} + 2e^-$

正极反应　$Cu^{2+} + 2e^- \longrightarrow Cu$

电池反应　$Zn + Cu^{2+} \longrightarrow Zn^{2+} + Cu$

Zn 电极的电极电势 $\varphi_{Zn^{2+}/Zn} = \varphi^{\ominus}_{Zn^{2+}/Zn} - \dfrac{RT}{2F}\ln\dfrac{a_{Zn}}{a_{Zn^{2+}}}$

Cu 电极的电极电势 $\varphi_{Cu^{2+}/Cu} = \varphi^{\ominus}_{Cu^{2+}/Cu} - \dfrac{RT}{2F}\ln\dfrac{a_{Cu}}{a_{Cu^{2+}}}$

Cu – Zn 电池的电动势为

$$E = \varphi_{Cu^{2+}/Cu} - \varphi_{Zn^{2+}/Zn} = \varphi^{\ominus}_{Cu^{2+}/Cu} - \varphi^{\ominus}_{Zn^{2+}/Zn} - \frac{RT}{2F}\ln\frac{a_{Cu}a_{Zn^{2+}}}{a_{Cu^{2+}}a_{Zn}}$$

$$= E^{\ominus} - \frac{RT}{2F}\ln\frac{a_{Cu}a_{Zn^{2+}}}{a_{Cu^{2+}}a_{Zn}}$$

纯固体的活度为 1，$a_{Cu} = a_{Zn} = 1$

得

$$E = E^{\ominus} - \frac{RT}{2F}\ln\frac{a_{Zn^{2+}}}{a_{Cu^{2+}}}$$

由于电极电势的绝对值不能测量，在电化学中，通常将氢电极在氢气压力为 101.325kPa、溶液中氢离子活度为 1 时的电极电势规定为零，称为标准氢电极的电极电势。其他电极的电极电势值是与标准氢电极比较而得到的相对值。由于标准氢电极的使用条件苛刻，故常用一些制备简单、电势稳定的可逆电极作为参比电极，如甘汞电极、银－氯化银电极等。

电池与伏特计接通后有电流通过，在电池两极上将会发生极化现象，使电极偏离平衡状态，另外电池本身有内阻，伏特计所量得的仅是不可逆电池的端电压，因此电池电动势不能直接用伏特表来测定。要准确测定电池的电动势，只有在无电流（或极小电流）通过电池的情况下进行。电位差计是根据补偿法（或称对消法）测量原理设计的一种平衡式电压测量仪器。其工作原理是在待测电池上并联一个大小相等、方向相反的外加电势，外加电势差的大小就等于待测电池的电动势，这样就可使待测电池中就没有电流通过。

为了减少或消除液接电势，测量电动势时，常用"盐桥"连接两种电解质溶液。用得较多的盐桥有饱和 KCl 溶液、KNO$_3$ 溶液，它们能使液体接界电势降低到毫伏数量级以下。

三、仪器与药品

仪器 电位差综合测试仪1台，铜电极1支，锌电极1支，电极管2支，烧杯（50ml）5个，饱和甘汞电极1支，止水夹2个

药品 KCl（饱和溶液），0.1mol/L $ZnSO_4$，0.1mol/L $CuSO_4$，3mol/L H_2SO_4，6mol/L HNO_3

四、实验操作

1. 电极处理 先用细砂纸打磨电极表面，再用稀硫酸清洗电极表面的氧化膜，然后用蒸馏水淋洗，把电极插入干净的电极管内并塞紧，将电极管的虹吸管口浸入盛有相应电解质溶液的小烧杯内（锌－硫酸锌溶液，铜－硫酸铜溶液），用吸耳球自支管抽气，将溶液吸入电极管直至浸没电极并略高一点，停止抽气，用夹子夹紧。电极装好后，虹吸管内（包括管口）不能有气泡，也不能有漏液现象。

2. 电池电动势的测量 按规定接好线路。把铜电极（固定在实验台的架子上）放入装有饱和氯化钾溶液的50ml小烧杯内做正极，把锌电极虹吸管放入小烧杯内做负极，即成电池①，如图2-21所示。

① $Zn \mid ZnSO_4(0.1mol/L) \parallel CuSO_4(0.1mol/L) \mid Cu$

② $Hg, Hg_2Cl_2 \mid KCl(饱和) \parallel CuSO_4(0.1mol/L) \mid Cu$

③ $Zn \mid ZnSO_4(0.1mol/L) \parallel KCl(饱和) \mid Hg_2Cl_2, Hg$

按照电位差计的使用说明进行操作，测定电池①的电动势。同法组成电池②和电池③，分别测量各电池的电动势。

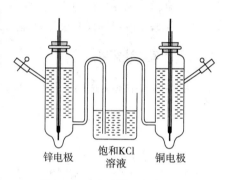

锌电极　　饱和KCl溶液　　铜电极

图2-21　电池装置示意图

五、数据记录和处理

1. 记录上述三组电池的电动势测定值。

2. 根据饱和甘汞电极的电极电势数据，计算铜电极和锌电极的电极电势。

六、注意事项

1. 电极管装液前，需要用少量的电解质溶液淋洗，以确保浓度的准确性，装液后要检查是否漏液和电路是否畅通，特别是电极的虹吸管内不能有气泡。

2. 实验结束后，应将电极管内溶液倒掉，以防止对电极腐蚀。

七、思考题

1. 如何判断电极是否制备成功？

2. 为什么测电动势要用对消法，对消法的原理是什么？

3. 实验中为什么要用盐桥？

4. 参比电池应具备什么条件？

八、预习要求

1. 复习原电池的基本概念及电动势的计算方法。
2. 了解对消法测定原电池电动势的原理。

实验十二　电导法测定弱电解质的解离平衡常数

一、实验目的

1. 掌握　电导法测定醋酸解离平衡常数的原理和方法。
2. 熟悉　电导率仪的使用方法。
3. 了解　电导率仪的设计原理。

二、实验原理

醋酸在水中解离达到平衡时，其解离度 α、解离平衡常数 $K_a^\ominus$ 以及初始浓度 c 之间有以下关系

$$
\begin{array}{ccccc}
& \text{HAc} & \rightleftharpoons & \text{H}^+ & + & \text{Ac}^- \\
\text{初始浓度} & c & & 0 & & 0 \\
\text{平衡浓度} & c(1-\alpha) & & c\alpha & & c\alpha
\end{array}
$$

$$
K_a^\ominus = \frac{\alpha^2 \cdot \dfrac{c}{c^\ominus}}{1-\alpha} \tag{2-21}
$$

测定不同浓度醋酸的解离度，根据式（2-21）可计算醋酸的 $K_a^\ominus$ 值，本实验用电导法测定醋酸的解离度。

弱电解质的解离度一般很小，溶液中离子浓度很低，所以离子间相互作用可以忽略不计，因此，影响弱电解质摩尔电导率的主要因素就是电解质的解离程度。电解质的解离度 α 应为溶液在浓度为 c 时的摩尔电导率 Λ_m 和溶液无限稀释的摩尔电导率 Λ_m^∞ 之比，即

$$
\alpha = \frac{\Lambda_m}{\Lambda_m^\infty} \tag{2-22}
$$

将式（2-22）代入式（2-21），得

$$
K_a^\ominus = \frac{c \cdot \Lambda_m^2}{\Lambda_m^\infty(\Lambda_m^\infty - \Lambda_m)c^\ominus} \tag{2-23}
$$

根据 Kohlrausch 定律，式中 Λ_m^∞ 可由离子的无限稀释摩尔电导计算得到，如 25℃时

$$
\Lambda_m^\infty(\text{HAc}) = \Lambda_m^\infty(\text{H}^+) + \Lambda_m^\infty(\text{Ac}^-) = (349.8 + 40.9) \times 10^{-4}\text{S} \cdot \text{m}^2/\text{mol} = 390.7 \times 10^{-4}\text{S} \cdot \text{m}^2/\text{mol}
$$

而 Λ_m 可由下式求出

$$
\Lambda_m = \frac{\kappa}{c} \tag{2-24}
$$

式中，c 为溶液的浓度（mol/m^3），κ 为该浓度时电解质溶液的电导率（S/m），Λ_m 为摩尔电

导率（S·m²/mol）。

只要测得电导率 κ 之后，就可以求得 Λ_m 和 $K_a^{\ominus}$。

三、仪器与药品

仪器 DDS-307 型电导率仪 1 台，恒温水浴 1 套，容量瓶（100ml）1 个，容量瓶（50ml）4 个，移液管（25ml）3 支，烧杯（100ml）3 个

药品 0.01mol/L KCl，0.5mol/L HAc 标准溶液

四、实验操作

1. 调节水浴温度 将恒温水浴的温度调为 25℃ ±0.01℃。

2. 配制溶液 准确量取 0.5mol/L 醋酸溶液各 20.00、10.00、5.00 和 2.50ml，分别置于 50ml 容量瓶，加水定容至刻度，得到四个不同浓度的醋酸溶液，混合均匀后置于 25℃ 水浴中恒温 10min 以上。

3. 测量电极常数 用重蒸水充分洗涤电导池和电极，并用少量 0.01mol/L KCl 溶液洗几次，将已恒温约 10min 后的 0.01mol/L KCl 标准溶液注入电导池，使液面超过电极铂黑 1~2cm，测量电极常数。

4. 测量 HAc 溶液的电导率 将电导池中的 KCl 溶液倒掉，用重蒸水洗净，再用少量待测的 HAc 溶液润洗三次，按照从稀到浓的顺序测量已恒温 10min 的 5 个 HAc 溶液的电导率，每个样品测定 3 次，取平均值。测完醋酸溶液后，用蒸馏水洗净电导池，重测电导池常数，看有无变化。实验结束后，切断电源，洗净仪器，将电极浸入蒸馏水中。

五、数据记录和处理

将实验所测数据记录并进行处理，结果填入表 2-18。

表 2-18 电导法测定 HAc 的电导率和 $K_a^{\ominus}$

实验温度_____℃，电导池常数_____m⁻¹。

c（HAc）（mol/m³）	κ（S/m）	Λ_m（S·m²/mol）	α	$K_a^{\ominus}$	$K_a^{\ominus}$ 的均值

六、注意事项

1. HAc 溶液浓度一定要配制准确。
2. 铂电极不能碰撞，不要直接冲洗铂黑，不用时应浸在蒸馏水中。
3. 盛被测液的容器必须清洁，无其他电解质沾污。
4. 数据处理时要注意单位之间的换算。

七、思考题

1. 水的纯度对测定有何影响？
2. 强电解质是否可用此法测定解离平衡常数？

八、预习要求

1. 复习奥斯瓦尔德（Ostwald）稀释定律的推导。
2. 了解《中国药典》2020 年版规定的合格制药用水水质的电导率限度。

实验十三　电导法测定难溶盐的溶解度

一、实验目的

1. 掌握　电导法测定难溶盐溶解度的原理和方法。

2. 熟悉　电导法测定 $BaSO_4$ 溶解度的实验操作。

3. 了解　溶液电导的概念及电导测定的应用。

二、实验原理

1. 电导法测定难溶盐溶解度的原理　难溶盐如 $BaSO_4$、$PbSO_4$、$AgCl$ 等在水中溶解度很小，用一般的分析方法很难精确测定其溶解度。但难溶盐在水中微量溶解的部分是完全电离的，因此，常用测定其饱和溶液电导率来计算其溶解度。难溶盐的溶解度很小，其饱和溶液可近似为无限稀释，饱和溶液的摩尔电导率 Λ_m 与难溶盐无限稀释溶液中的摩尔电导率 Λ_m^∞ 是近似相等的，即：

$$\Lambda_m \approx \Lambda_m^\infty \qquad (2-25)$$

Λ_m^∞ 可根据科尔劳施（Kohlrausch）离子独立运动定律，由离子无限稀释摩尔电导率相加而得。

在一定温度下，电解质溶液的浓度 c（mol/L）、摩尔电导率 Λ_m 与电导率 κ 的关系为：

$$\Lambda_m = \frac{\kappa}{c} \qquad (2-26)$$

Λ_m 可由手册数据求得，κ 可通过测定溶液的电导 G 求得，c 便可从（2-26）式求得。

电导率 κ 与电导 G 的关系为：

$$\kappa = \frac{l}{A}G = K_{cell}G \qquad (2-27)$$

电导 G 是电阻的倒数，可用电导仪测定，上式的 $K_{cell}=l/A$ 称为电导池常数，它是两极间距 l 与电极表面积 A 之比。为防止极化，通常将 Pt 电极镀上一层铂黑，因此 A 无法单独求得。通常确定 K_{cell} 值的方法是：先将已知电导率的标准 KCl 溶液装入电导池中，测定其电导 G，由已知电导率 κ，依据式（2-27）可计算出 K_{cell} 值（不同浓度的 KCl 溶液在不同温度下的 κ 值参见附录）。

必须指出，难溶盐在水中的溶解度极低，其饱和溶液的电导率 $\kappa_{溶液}$ 实际上是盐的正、负离子和溶剂（H_2O）解离的正、负离子（H^+ 和 OH^-）的电导率之和，在无限稀释条件下有：

$$\kappa_{溶液} = \kappa_{盐} + \kappa_{水} \qquad (2-28)$$

因此，测定$\kappa_{溶液}$后，还必须同时测出配制溶液所用水的电导率$\kappa_{水}$，才能求得$\kappa_{盐}$。测得$\kappa_{盐}$后，由式（2-26）即可求得该温度下难溶盐在水中的饱和浓度c（mol/L）；经换算即得该难溶盐的溶解度。

2. 溶液电导测定原理　电导是电阻的倒数，测定电导实际是测定电阻，可用惠斯登（Wheatstone）电桥进行测量。但测定溶液电阻时有其特殊性，不能应用直流电源，当直流电流通过溶液时，由于电化学反应的发生，不但使电极附近溶液的浓度改变引起浓差极化，还会改变两极本质。因此，必须采用较高频率的交流电，其频率高于1000Hz。另外，构成电导池的两极采用惰性铂电极，以免电极与溶液间发生化学反应。

精密的电阻测量常用图2-22所示的交流平衡电桥。其中R_x为电导池两极间电阻。R_1、R_2、R_3在精密测量中均为交流电阻箱（或高频电阻箱），在简单情况下R_2和R_3可用均匀的滑线电阻代替。这样R_x、R_1、R_2、R_3构成电桥的四个臂，适当调节R_1、R_2、R_3使C、E两点的电位相等，CE之间无电流通过。电桥达到了平衡，电路中的电阻符合下列关系：

$$\frac{R_1}{R_x} = \frac{R_2}{R_3} \tag{2-29}$$

如R_2、R_3换为均匀滑线电阻时，R_2/R_3的电阻之比变换为长度之比，可直接从滑线电阻的长度标尺上读出。R_2/R_3调节越接近1，测量误差越小，D为指示平衡的示零器，通常用示波器或灵敏的耳机。电源S常用音频振荡器或蜂鸣器等信号发生器。严格地说，交流电桥的平稳，应该是四个臂上阻抗的平衡，对交流电来说，电导池的两个电极相当于一个电容器，因此，须在R_1上并联可变电容器C_1，以实现阻抗平衡。温度对电导有影响，实验应在恒温下进行。

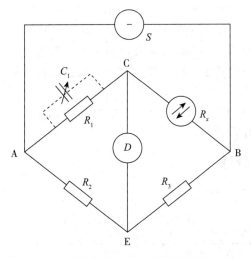

图2-22　惠斯顿电桥

三、仪器与药品

仪器　超级恒温水浴锅1套，P902 EC（电导率）测定仪1台，具塞锥形瓶（50ml）3个，试管（10ml）5支，移液管（5ml）4支，玻璃棒3支

药品　0.5mol/L $MgCl_2$、$CaCl_2$、$BaCl_2$溶液，0.5mol/L Na_2SO_4，饱和硫酸钙溶液，$BaSO_4$，电导水，试剂均为分析纯（A.R.）

四、实验操作

1. 比较镁、钙、钡硫酸盐的溶解度

（1）在 3 支试管中，分别盛有 1ml 0.5mol/L 的 $MgCl_2$、$CaCl_2$ 和 $BaCl_2$ 溶液，分别注入等量的 0.5mol/L Na_2SO_4 溶液，观察现象。若 $MgCl_2$ 或 $CaCl_2$ 溶液中加入 Na_2SO_4 溶液后无沉淀生成，可用玻璃棒摩擦试管壁，再观察有无沉淀生成，说明沉淀生成情况。

（2）在另外两支分别盛有 0.5mol/L $CaCl_2$ 和 $BaCl_2$ 溶液的试管中，分别滴入几滴饱和硫酸钙溶液，观察沉淀生成的情况。

（3）比较 $MgSO_4$、$CaSO_4$ 和 $BaSO_4$ 溶解度的大小。先用细砂纸打磨电极表面，再用稀硫酸清洗电极表面的氧化膜，然后用蒸馏水淋洗，把电极插入干净的电极管内并塞紧，将电极管的虹吸管口浸入盛有相应电解质溶液的小烧杯内，用吸耳球自支管抽气，将溶液吸入电极管直至浸没电极并略高一点，停止抽气，用夹子夹紧。电极装好后，虹吸管内（包括管口）不能有气泡，也不能有漏液现象。

2. 测定 $BaSO_4$ 在 25℃的溶解度

（1）调节恒温水浴锅温度设置 25℃。

（2）制备 $BaSO_4$ 饱和溶液。在干净具塞锥形瓶中加入少量 $BaSO_4$，用电导水至少洗 3 次，每次洗涤需剧烈振荡，待溶液澄清后，倾去溶液再加电导水洗涤。洗 3 次以上能除去可溶性杂质，然后加电导水溶解 $BaSO_4$，使之成饱和溶液，并在 25℃恒温水浴锅内静置，使溶液尽量澄清（该过程时间较长，可在实验开始前进行），用时取上部澄清溶液。

（3）测定电导水的电导率 $\kappa_水$。依次用蒸馏水和电导水洗电极及锥形瓶各 3 次。在锥形瓶中装入电导水，放入 25℃恒温水浴锅恒温后测定水的电导率 $\kappa_水$。

（4）测定 25℃饱和 $BaSO_4$ 溶液的电导率 $\kappa(BaSO_4)$。将电导电极和锥形瓶用少量 $BaSO_4$ 饱和溶液洗涤 3 次，再将澄清的 $BaSO_4$ 饱和溶液装入锥形瓶，插入电导电极，测定 $\kappa_溶液$。测量电导率时，须在恒温后进行，$\kappa_溶液$ 测定须进行 3 次，取平均值，计算饱和 $BaSO_4$ 溶液的浓度 c。

（5）实验完毕后，洗净锥形瓶、电极，在瓶中装入蒸馏水，将电极浸入水中保存，关闭恒温槽及电导仪电源开关。

五、数据记录和处理

1. 实验数据填入表 2 - 19 中。

表 2 - 19　实验数据记录表

气压：_____　　室温：_____　　实验温度：_____

序号	水的电导率		饱和溶液电导率	
	$G_水$	$\kappa_水$（S/m）	$G_溶液$	$\kappa_溶液$（S/m）
1				
2				
3				
平均值	$\overline{\kappa}_水 =$		$\overline{\kappa}_溶液 =$	

2. （1）由下式可求得 $\kappa(BaSO_4)$：

$$\kappa(BaSO_4) = \kappa_{溶液} - \kappa_{水}$$

（2）查得 25℃ 的无限稀释离子摩尔电导率 $\Lambda_m^\infty\left(\frac{1}{2}Ba^{2+}\right)$ 和 $\Lambda_m^\infty\left(\frac{1}{2}SO_4^{2-}\right)$，再根据 $\Lambda_m \approx \Lambda_m^\infty = \Lambda_{m,+}^\infty + \Lambda_{m,-}^\infty$，计算 $\Lambda_m(BaSO_4)$。

（3）由公式（2-26）计算 $c(BaSO_4)$，经换算得溶解度。将 $c(BaSO_4)$ 换算为 $b(BaSO_4)$（因溶液很稀，设溶液密度近似等于水的密度）。溶解度是溶解固体的质量除以溶剂质量所得的商，所以 25℃ 时 $BaSO_4$ 在水中的溶解度 $= b(BaSO_4) \times M(BaSO_4)$，式中 b 为质量摩尔浓度，M 为摩尔质量。

六、注意事项

1. 整个实验所加溶剂均为去离子水（可用蒸馏水代替）。

2. 制备 $BaSO_4$ 饱和溶液时，应尽量水平振荡，避免大幅上下振荡，以免在规定实验时间内，无法沉淀完全，不能得到澄清溶液。

3. 测水及溶液电导前，电极和所盛溶液的仪器（锥形瓶、烧杯、滴管）要用被测液少量多次反复冲洗干净（仪器至少洗三次），以保证测定结果的准确性。

七、思考题

1. 如何制备电导水？电导水的电导率应在什么范围？
2. 电导率、摩尔电导率与电解质溶液的浓度有何规律？
3. H^+ 和 OH^- 的无限稀释摩尔电导率为何比其他离子的无限稀释摩尔电导率大很多？

八、预习要求

1. 复习电导率、摩尔电导率与浓度的关系。
2. 掌握计算电导率和摩尔电导率的步骤。

实验十四　丙酮碘化反应的速率常数和反应级数的测定

一、实验目的

1. 掌握　用孤立法确定反应级数的方法。
2. 熟悉　酸催化作用下丙酮碘化反应速率常数的测定。
3. 了解　复杂反应的特征。

二、实验原理

大多数化学反应都是由若干基元反应构成的复杂反应。对于复杂反应，其反应速率和反应物浓度之间的关系较为复杂，不能用质量作用定律表示，必须通过实验确定。孤立法是动力学研究中常用的一种方法。设计一系列溶液，其中只有某一反应物的浓度发生变化，而其他反应物的浓度不变，根据实验数据可以求得反应对该反应物的反应分级数，同理亦可得到其他反应物的反应分级数，从而确立速率方程。

酸催化作用下的丙酮碘化反应是一个复杂反应，初始阶段反应为

$$\underset{CH_3—\overset{\overset{O}{\|}}{C}—CH_3}{} + I_2 \xrightarrow{H^+} CH_3—\overset{\overset{O}{\|}}{C}—CH_2I + I^- + H^+ \tag{2-30}$$

H^+ 是反应的催化剂，因丙酮碘化反应本身有 H^+ 生成，所以这是一个自动催化反应。又因反应并不停留在生成一元碘化丙酮上，反应还继续下去。所以应选择适当的反应条件，测定初始阶段的反应速率。其速度方程可表示为

$$v = \frac{-dc_A}{dt} = \frac{-dc_{I_2}}{dt} = \frac{dc_E}{dt} = kc_A^p c_{I_2}^q c_{H^+}^r \tag{2-31}$$

式中，c_E、c_A、c_{I_2}、c_{H^+} 分别为碘化丙酮、丙酮、碘、盐酸的浓度（单位 mol/L）；k 为速率常数；指数 p、q、r 分别为丙酮、碘和氢离子的反应分级数。

如反应物碘是少量的，而丙酮和酸对碘是大量的，则反应在碘完全消耗以前，丙酮和酸的浓度可认为基本保持不变，此时反应将限制在按方程式（2-30）进行。实验证实，在本实验条件（酸的浓度较低）下，丙酮碘化反应对碘是零级反应，即 q 为 0。由于反应速率与碘的浓度无关（除非在很高的酸度下），因而反应直到碘全部消耗之前，反应速率将是常数。即

$$v = \frac{-dc_{I_2}}{dt} = kc_A^p c_{H^+}^r = 常数 \tag{2-32}$$

对（2-32）式积分后可得

$$c_{I_2} = -kc_A^p c_{H^+}^r \cdot t + C \tag{2-33}$$

式中，C 是积分常数。因碘在可见光区有很宽的吸收带，而在此吸收带中，盐酸、丙酮、碘化丙酮和碘化钾均没有明显的吸收，所以可用分光光度计测定反应过程中碘浓度随时间的变化。

根据 Lambert-Beer 定律，在某指定波长下，吸光度 A 与碘浓度 c_{I_2} 有

$$A = \varepsilon b c_{I_2} \tag{2-34}$$

式中，ε 为摩尔吸光系数；b 为比色皿的光径长度。式（2-34）中的 εb 可通过对已知浓度的标准碘溶液吸光度的测量而求得。

将式（2-33）代入式（2-34）中整理后得

$$A = -k(\varepsilon b)c_A^p c_{H^+}^r \cdot t + B \tag{2-35}$$

由式（2-35）可知，吸光度 A 对时间 t 作图，通过其斜率 m 可求得反应速率。即

$$m = -k(\varepsilon b)c_A^p c_{H^+}^r \tag{2-36}$$

式（2-36）与式（2-32）相比较，则有

$$v = -m/(\varepsilon b) \tag{2-37}$$

为了确定反应分级数 p，至少需要进行两次实验，用下角标数字分别表示实验次数。当丙酮初始浓度不同，而氢离子和碘的初始浓度相同时

$$\frac{v_2}{v_1} = \frac{kc_{A,2}^p c_{H^+,2}^r c_{I_2,2}^q}{kc_{A,1}^p c_{H^+,1}^r c_{I_2,1}^q} = \left(\frac{c_{A,2}}{c_{A,1}}\right)^p = u^p$$

$$\lg\frac{v_2}{v_1} = p\lg u$$

$$p = \left(\lg\frac{v_2}{v_1}\right)/\lg u = \left(\lg\frac{m_2}{m_1}\right)/\lg u \tag{2-38}$$

式中，u 为两次实验中丙酮初始浓度的比值。

同理，当丙酮和碘的初始浓度相同，而酸的浓度不同时，可得

$$r = \left(\lg \frac{v_3}{v_1} \right)\Big/ \lg w \qquad (2-39)$$

式中，w 为两次实验中酸初始浓度的比值。

同理，当丙酮和酸的初始浓度相同而碘的初始浓度不同时，则有

$$q = \left(\lg \frac{v_4}{v_1} \right)\Big/ \lg x \qquad (2-40)$$

式中，x 为两次实验中碘初始浓度的比值。

综上所述，通过四次改变浓度的实验，即可求得反应分级数 p、r、q，进而求得反应速率常数 k。

根据 Arrhenius 方程

$$E_a = \frac{RT_1 T_2}{T_2 - T_1} \ln \frac{k_2}{k_1} \qquad (2-41)$$

由两个温度的反应速率常数 k_1 与 k_2，可以估算反应的活化能 E_a。

三、仪器与药品

仪器　722 型分光光度计（附比色皿）1 台，超级恒温槽 1 台，秒表 1 块，容量瓶（50ml）7 个，移液管（5ml、10ml）各 3 支

药品　0.01mol/L 碘标准溶液（含 2% KI），1mol/L 标准 HCl 溶液，2mol/L 标准丙酮溶液

四、实验操作

1. 准备工作　将 722 型分光光度计波长调到 500nm 处，并连接恒温槽，恒温槽温度设置 25℃。将装有空白溶液（蒸馏水）的比色皿置于比色皿座架中的第一格内，并对准光路，把试样室盖子轻轻盖上，调整空白溶液的吸光度为 0 或透光率为 100%。

2. 求 εb 值　在 50ml 容量瓶中配制 0.001mol/L 碘标准溶液。用少量碘溶液润洗比色皿 2~3 次，测其吸光度 A，更换碘溶液再重复测定 2 次，取其平均值，求 εb 值。

3. 丙酮碘化反应速率常数和反应级数的测定　取 4 个 50ml 容量瓶，编号 1~4。用移液管准确量取 0.01mol/L 标准碘溶液 10.00ml、10.00ml、10.00ml、5.00ml，分别加入 4 个 50ml 容量瓶中，然后各加入 1mol/L HCl 标准溶液 5.00ml、5.00ml、10.00ml、5.00ml（注意依瓶号顺序），再分别加入适量的蒸馏水，盖上瓶盖，置于恒温槽中恒温。另取 2 个 50ml 容量瓶，一个用少量 2mol/L 丙酮标准溶液润洗 2~3 次，然后加入约 50ml 标准丙酮溶液，另一个装满蒸馏水，将容量瓶置于恒温槽中恒温。

待温度恒定后（恒温时间不少于 10min），迅速将 10.00ml 已恒温的丙酮溶液加入 1 号容量瓶中，当丙酮溶液加到一半时开动秒表计时。用已恒温的蒸馏水将混合液稀释至刻度，迅速摇匀，润洗比色皿 2~3 次，将溶液注入比色皿中（上述操作要迅速进行），每隔 2min 记录一次吸光度，连续记录 10~12 个数据；如果吸光度变化较大，则改为每隔 1min 记录一次。

另取 5.00ml、10.00ml、10.00ml 已恒温的丙酮标准溶液，分别加入 2 号、3 号、4 号容

量瓶中，同法测定各溶液在不同时间的吸光度。

上述溶液的配制如表 2 – 20 所示。

表 2 – 20　溶液的配制

容量瓶号	碘标准溶液（ml）	HCl 标准溶液（ml）	丙酮标准溶液（ml）	蒸馏水（ml）
1 号	10	5	10	25
2 号	10	5	5	30
3 号	10	10	10	20
4 号	5	5	10	30

在 35℃下，重复上述实验。注意，在 35℃下测定需改为每隔 1min 记录一次吸光度。

五、数据记录和处理

1. 根据 0.001mol/L 碘标准溶液的吸光度和浓度，计算 εb 值。

2. 将各混合溶液在不同时间的吸光度填入表 2 – 21 中。

表 2 – 21　混合溶液的时间 – 吸光度记录

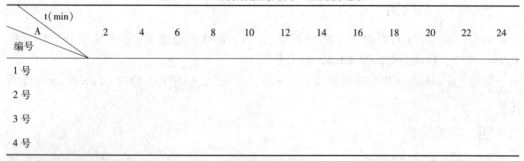

编号 \ t(min)	2	4	6	8	10	12	14	16	18	20	22	24
1 号												
2 号												
3 号												
4 号												

3. 记录混合溶液中丙酮、盐酸、碘的浓度于表 2 – 22 中。

表 2 – 22　混合溶液中丙酮、盐酸、碘的浓度记录

容量瓶号	c_A（mol/L）	c_{H^+}（mol/L）	c_{I_2}（mol/L）
1 号			
2 号			
3 号			
4 号			

4. 用表 2 – 21 中数据，以 A 对 t 作图，求出斜率 m。

5. 用式(2 – 38) ~ (2 – 40)计算反应级数。

6. 计算反应速率常数 k 值。

7. 利用 25℃及 35℃的 k 值，计算丙酮碘化反应的活化能。

六、注意事项

1. 混合反应溶液时操作必须迅速准确，注意碘溶液最后加入。

2. 温度影响反应速率常数，实验时系统要保持温度的恒定。

七、思考题

1. 在本实验中，将丙酮溶液加入含有碘、盐酸的容量瓶时并不立即开始计时，而是在注入比色皿时才开始计时是否可以？为什么？
2. 影响本实验结果精确度的主要因素有哪些？

八、预习要求

1. 复习温度对化学反应速率的影响及 Arrhenius 方程的相关计算。
2. 熟悉分光光度计的使用。

实验十五　蔗糖水解反应速率常数的测定

一、目的要求

1. **掌握**　一级反应的规律和特点；旋光仪的使用方法。
2. **熟悉**　反应速率常数、半衰期和活化能的测定方法。
3. **了解**　旋光仪的工作原理。

二、实验原理

蔗糖在 H^+ 的催化作用下水解为葡萄糖和果糖，反应方程式为

$$C_{12}H_{22}O_{11}(蔗糖) + H_2O \xrightarrow{H^+} C_6H_{12}O_6(葡萄糖) + C_6H_{12}O_6(果糖)$$

实验证明，该反应的速率与蔗糖、水及催化剂 H^+ 的浓度有关。由于反应系统中的水是大量的，尽管少量水分子参与了化学反应，但可近似地认为整个反应过程中水的浓度不变；H^+ 为催化剂，反应前后浓度也维持不变。因此，该反应可视为假一级反应，其速率只与蔗糖浓度有关，其速率方程为

$$\ln c = -kt + \ln c_0 \tag{2-42}$$

式中，k 为反应速率常数，t 为反应时间，c 为 t 时刻的蔗糖浓度，c_0 为蔗糖的初始浓度。由式（2-42）可知，测定不同反应时刻 t 对应的蔗糖浓度 c，以 $\ln c$ 对 t 作图，通过直线的斜率即可求出反应的速率常数 k。反应的半衰期 $t_{1/2}$ 可由式（2-43）求得

$$t_{1/2} = \frac{\ln 2}{k} = \frac{0.693}{k} \tag{2-43}$$

本实验中所用的蔗糖及其水解产物均为旋光性物质，但它们的旋光能力不同，故可以利用系统在反应过程中旋光度的变化来衡量反应的进程。溶液的旋光度 α 与旋光物质的浓度 c 成正比

$$\alpha = [\alpha]_D^t \cdot l \cdot c = Kc \tag{2-44}$$

式中，$[\alpha]_D^t$ 为比旋光度（其中 t 为溶液温度，D 为光源波长），l 为溶液厚度（旋光管长度），c 为浓度。比旋光度与物质的旋光能力、溶剂、光源波长、温度等因素有关，在固定了这些因素及旋光管长度以后，K 为常数。

在蔗糖的水解反应中，反应物蔗糖是右旋性物质，其比旋光度$[\alpha]_D^{20} = +66.6°$。产物中葡萄糖也是右旋性物质，其比旋光度$[\alpha]_D^{20} = +52.5°$，而果糖是左旋性物质，其比旋光度$[\alpha]_D^{20} = -91.9°$。旋光度具有加和性，因此，随着水解反应的进行，溶液的右旋角度将不断减小，至零后变成左旋，当蔗糖完全转化为产物时，左旋角度达到最大值。

反应开始时，$t = 0$，$\alpha_0 = k_{反} c_0$；

反应结束时，$t = \infty$，$\alpha_\infty = k_{生} c_0$；

反应进行至任意时刻t，$\alpha_t = k_{反} c + k_{生}(c_0 - c)$。

其中，$k_{反}$和$k_{生}$分别表示反应物和生成物的比例常数。由此可知

$$c_0 = \frac{\alpha_0 - \alpha_\infty}{k_{反} - k_{生}} \qquad c_t = \frac{\alpha_t - \alpha_\infty}{k_{反} - k_{生}} \qquad (2-45)$$

将式（2-45）代入式（2-42），得

$$\ln(\alpha_t - \alpha_\infty) = -kt + \ln(\alpha_0 - \alpha_\infty) \qquad (2-46)$$

由此可见，以$\ln(\alpha_t - \alpha_\infty)$对$t$作图为一直线，由该直线的斜率可求得反应速率常数$k$，进而可求得半衰期$t_{1/2}$。测定不同温度下的速率常数，根据Arrhenius方程，可求得反应的活化能E_a。

$$\ln k = -\frac{E_a}{RT} + \ln A \qquad (2-47)$$

三、仪器与药品

仪器 旋光仪1台，恒温槽1台，秒表1个，移液管（25ml）2支，具塞锥形瓶（100ml）2个

药品 20%蔗糖溶液，2mol/L HCl溶液

四、实验操作

1. 旋光仪的使用 见第三章常见仪器使用之三"旋光仪"，了解旋光度测量的原理及使用方法。测定实验样品旋光度之前，要先使用蒸馏水对旋光仪进行零点校正。

2. α_t的测定 准确移取25.00ml蔗糖溶液于干燥的100ml具塞锥形瓶中；另取一锥形瓶，准确移取25.00ml 2mol/L HCl溶液。室温下迅速将HCl溶液倒入蔗糖溶液中，计时开始。为了使两溶液完全等量混合，将混合液在两锥形瓶中反复倾倒3次。混匀后，迅速用此反应混合液润洗旋光管2次，然后注满旋光管，盖好玻璃片旋紧套管，擦干旋光管外表面液体，立即放入旋光仪暗室中，测量旋光度。从计时开始，每隔3min测一次旋光度，测定6次，继而每隔5min测定一次旋光度，测定3次，再每隔10min测定一次旋光度，测定3次。

3. α_∞的测定 将上述盛有剩余混合液的具塞锥形瓶放入50~60℃的恒温水浴槽中，反应60min后冷却至实验温度，将剩余混合液装入旋光管中测定其旋光度，此值可近似为α_∞。注意：水浴温度不可太高，否则将产生副反应。

4. 根据需要，可选做以下实验

（1）催化剂用量对反应速率的影响 用1mol/L HCl代替2mol/L HCl，重复实验步骤1、2，测定α_t和α_∞，计算速率常数。

（2）温度对反应速率的影响 在不同温度（如25℃、30℃和35℃）下，使用相同浓度

的催化剂，重复步骤 2、3，测定 α_t 和 α_∞，计算各温度下的速率常数和反应的活化能。不同温度测定时，取样时间间隔和反应总时间应作适当调整。

五、注意事项

1. 旋光管装液时要旋紧两端的旋光片。既要防止旋转过松引起液体渗漏，又要防止旋转过紧造成两端玻片碎裂。测定时，旋光管中如有气泡，应先让气泡浮在凸颈处。

2. 反应液的酸度很大，因此，旋光管一定要擦干后才能放入旋光仪内，以免酸液腐蚀旋光仪。实验结束后旋光管必须洗净。

六、数据记录和处理

将数据填入表 2 – 23 中。

表 2 – 23　不同时刻反应体系的旋光度数据

c（HCl）= ＿＿ mol/L；c（蔗糖）= ＿＿ %；$T =$ ＿＿ K。

时间	旋光度 α_t	$\alpha_t - \alpha_\infty$	$\ln(\alpha_t - \alpha_\infty)$
3			
6			
9			
12			
……			
∞		–	–

根据式（2 – 46），以 $\ln(\alpha_t - \alpha_\infty)$ 对 t 作图，由直线斜率求反应速率常数 k；根据式（2 – 43），计算蔗糖转化反应的半衰期。如果根据选做实验（2）测定了不同温度下的反应速率常数，可将 $\ln k$ 对 $1/T$ 作图，根据直线斜率计算反应活化能 E_a。

七、思考题

1. 在蔗糖水解反应过程中，所测的旋光度 α_t 是否需要零点校正？为什么？
2. 蔗糖的转化速率与哪些因素有关？

八、预习要求

1. 复习一级反应动力学方程，掌握半衰期及速率常数等特征；复习 Arrhenius 方程。
2. 了解旋光度与浓度的关系，熟悉将浓度测定转换为旋光度的测定方法。
3. 了解旋光仪的原理和使用方法。

实验十六　乙酸乙酯皂化反应速率常数的测定

一、实验目的

1. 掌握　二级反应的速率常数、半衰期和活化能的测定方法。

2. 熟悉 二级反应规律和特点、电导率仪的使用方法。

3. 了解 电导率仪的使用原理。

二、实验方案 I

(一) 实验原理

乙酸乙酯的皂化反应为二级反应

$$CH_3COOC_2H_5 + NaOH \longrightarrow CH_3COONa + C_2H_5OH$$

为了方便数据处理，将反应物 $CH_3COOC_2H_5$ 和 NaOH 设置为相同的初始浓度 c_0。设反应进行到 t 时刻时，反应物 $CH_3COOC_2H_5$ 和 NaOH 的浓度 c，则生成物 CH_3COONa 和 C_2H_5OH 的浓度为 $(c_0 - c)$。

$$
\begin{array}{ccccc}
 & CH_3COOC_2H_5 & + \quad NaOH & \longrightarrow & CH_3COONa & + \quad C_2H_5OH \\
t=0 & c_0 & c_0 & & 0 & 0 \\
t=t & c & c & & c_0-c & c_0-c \\
t=\infty & 0 & 0 & & c_0 & c_0 \\
\end{array}
$$

该反应的积分速率方程为

$$\frac{1}{c} - \frac{1}{c_0} = kt \tag{2-48}$$

式中，k 为反应速率常数。只要测出不同时刻 t 时的浓度 c，就可以通过式（2-48）得到反应速率常数 k。

本实验利用电导率法间接测定反应过程中各物质的浓度。反应系统中参与导电的主要离子有 Na^+、OH^- 与 CH_3COO^-。Na^+ 在反应前后浓度不发生变化，溶液电导率的变化主要由 OH^- 和 CH_3COO^- 引起。随着反应的进行，电导率较小的 CH_3COO^- 逐渐取代电导率较大的 OH^-，溶液的电导率逐渐减小。反应在稀溶液中进行，用浓度代替活度，因此

$$\kappa_0 = A_1 c_0 \qquad \kappa_\infty = A_2 c_0 \qquad \kappa_t = A_1 c + A_2 (c_0 - c)$$

式中，κ_0 为反应起始时的电导率，κ_t 为反应进行到 t 时刻的电导率，κ_∞ 为反应完全时的电导率。消去比例常数 A_1、A_2，整理得浓度 c 与电导率的关系式为

$$c = \frac{\kappa_t - \kappa_\infty}{\kappa_0 - \kappa_\infty} c_0 \tag{2-49}$$

将式（2-49）代入式（2-48），整理后得

$$\kappa_t = \frac{1}{c_0 k} \times \frac{\kappa_0 - \kappa_t}{t} + \kappa_\infty \tag{2-50}$$

由（2-50）可知，只要测出 κ_0 和不同时刻的 κ_t 后，以 κ_t 对 $\dfrac{\kappa_0 - \kappa_t}{t}$ 作图，由直线的斜率可以求出反应速率常数 k。

二级反应的半衰期为

$$t_{1/2} = \frac{1}{kc_0} \tag{2-51}$$

在温度变化范围不大时，反应速率常数与温度的关系符合 Arrhenius 方程式，测定两个温度下的速率常数，利用式（2-52）；或者测定多个温度下的速率常数，利用式（2-53）即可求出反应的活化能 E_a。

$$\ln \frac{k_2}{k_1} = -\frac{E_a}{R}\left(\frac{1}{T_2} - \frac{1}{T_1}\right) \qquad (2-52)$$

$$\ln k = -\frac{E_a}{RT} + \ln A \qquad (2-53)$$

（二）仪器与药品

仪器 恒温槽 1 台，DDS – 307 电导率仪 1 台，双管电导池 1 支，移液管（10ml）1 支

药品 0.02mol/L NaOH，0.02mol/L $CH_3COOC_2H_5$，0.01mol/L NaOH

（三）实验操作

1. 仪器设定 调节恒温水浴槽温度至 25℃（或维持室温）。设置好电导率仪待用。电导率仪的使用参见第三章常见仪器使用之二"电导率仪"。

2. κ_0 的测量 取适量 0.01mol/L NaOH 溶液于烧杯中，插入电导电极，置于恒温槽中恒温 10min，待示数稳定后读数。

3. κ_t 的测量 准确移取 10.00ml 0.02mol/L NaOH 溶液和 10.00ml 0.02mol/L $CH_3COOC_2H_5$ 溶液分别置于双管电导池中，恒温 10min 后，用洗耳球将一侧反应物压入另一侧，开始计时，然后反复压入 3 次使其混合均匀，每隔 3min 记录一次电导率。

4. 活化能的测定 调节恒温水浴槽至 30℃（或比室温高 5～8℃），重复 2、3 步骤，测定不同温度下速率常数。

（四）数据记录和处理

实验数据记录于表 2 – 24 中，并按要求进行数据处理。

表 2 – 24 不同时刻反应体系的电导率值

$t(\min)$	$\kappa_t \times 10^3 (S/m)$	$\dfrac{\kappa_0 - \kappa_t}{t}$
0	–	–
3		
6		
9		
12		
15		
18		
21		
24		

1. 以 κ_t 对 $\dfrac{\kappa_0 - \kappa_t}{t}$ 作图，用 Excel 软件中的线性拟合得到标准曲线，由直线的斜率可以求出反应速率常数 k，并计算反应的半衰期。

2. 由 25℃和 30℃的速率常数值，利用式（2 – 52）计算反应活化能，或者测定多个温度下的速率常数，利用式（2 – 53）计算反应的活化能。

三、实验方案 II

（一）实验原理

二级反应微分速率方程为：

$$-\frac{dc_t}{dt} = kc_t^2 \tag{2-54}$$

上式积分得二级反应速率方程的积分表达式为：

$$k = \frac{1}{t} \times \frac{c_0 - c_t}{c_0 c_t} \tag{2-55}$$

据式（2-55）可知只要已知 t 时刻的浓度 c_t，就可以算出皂化反应速率常数 k 值。测量物质浓度有多种方法，本实验通过测定反应体系的电导率换算出溶液的浓度。

对于乙酸乙酯皂化反应，体系中 $CH_3COOC_2H_5$ 和 C_2H_5OH 电导率很小，在反应过程中其浓度变化对体系电导率的影响可不予考虑。NaOH 与 CH_3COONa 电离的 Na^+ 数目相等，即反应前后的 Na^+ 浓度不变，Na^+ 对于溶液电导变化没有贡献。仅溶液中的 OH^- 和 CH_3COO^- 浓度变化对体系电导的变化有影响，就导电能力而言 OH^- 的导电能力是 CH_3COO^- 的近 5 倍，随着反应的进行，OH^- 离子浓度不断减少，因此，溶液的电导逐渐变小，电导的降低与体系中 OH^- 浓度的降低呈线性关系。

设 G_0 表示 $t=0$ 时 NaOH 溶液的电导，G_t 表示 t 时刻溶液的电导，G_∞ 表示 t 趋近于无穷时 CH_3COONa 溶液的电导。当反应时间由 0 变化到 t 时，溶液电导的变化（$G_0 - G_t$）正比于浓度（$c_0 - c_t$）；当反应时间由 t 变化到 t_∞ 时，溶液电导变化（$G_t - G_\infty$）正比于浓度（$c_t - 0$），因此有如下关系建立：

$$\frac{c_0 - c_t}{c_t} = \frac{G_0 - G_t}{G_t - G_\infty} \tag{2-56}$$

将式（2-56）代入式（2-55），得到式（2-57）

$$k = \frac{1}{c_0 t} \cdot \frac{G_0 - G_t}{G_t - G_\infty} \tag{2-57}$$

此式可改写成

$$t = \frac{1}{c_0 k} \cdot \frac{G_0 - G_t}{G_t - G_\infty} \tag{2-58}$$

以 $\frac{G_0 - G_t}{G_t - G_\infty}$ 对 t 作图拟合得一直线，由直线斜率 $\frac{1}{c_0 k}$，可计算出反应速率常数 k 值。

在不同温度下进行实验，分别求得两个温度下反应的速率常数 k_1、k_2，代入阿仑尼乌斯公式计算出活化能 E_a。

$$\ln\frac{k_2}{k_1} = -\frac{E_a}{R}\left(\frac{1}{T_2} - \frac{1}{T_1}\right) \tag{2-59}$$

（二）仪器与药品

仪器 电导率仪 1 台，恒温水槽 1 台，移液管（25ml）3 支，碘量瓶（200ml）6 个

药品 0.02mol/L NaOH 溶液，0.01mol/L NaOH 溶液，0.01mol/L CH_3COONa 溶液，0.02mol/L $CH_3COOC_2H_5$

（三）实验步骤

1. 仪器设定　调节恒温水槽至30°C，同时设置好电导率仪待用。电导率仪的使用参见第三章常见仪器使用之二"电导率仪"。

2. G_0和G_∞的测定　取适量0.01mol/L NaOH溶液加入碘量瓶中，置于恒温水槽中恒温约10min，电导电极完全浸没于溶液中，测定溶液电导，读取三次取平均值，为G_0。

取适量0.01mol/L CH$_3$COONa溶液加入碘瓶中，置于恒温水槽中恒温约10min，电导电极完全浸没于溶液中，测定溶液电导，读取三次取平均值，为G_∞。

3. G_t的测定　分别取适量的0.02mol/L NaOH溶液和0.02mol/L CH$_3$COOC$_2$H$_5$溶液加入两个碘量瓶中，恒温10min。用移液管分别移取恒温后的0.02mol/L NaOH溶液和0.02mol/L CH$_3$COOC$_2$H$_5$溶液各25ml在碘量瓶中混合摇匀（碘量瓶配置打孔胶塞，让电极插入并能密封瓶口），置于恒温水槽中开始测量电导数据，每隔5min记录1次电导G_t至30min后，每隔10min记录1次至60min。

4. 活化能的测定　调节恒温水浴为另一温度，按上述1~3的步骤，测定另一温度下的一系列电导值G_0、G_∞、G_t。

（四）数据记录和处理

1. 记录数据　将实验数据记录于表2-25中。

表2-25　皂化反应数据记录及处理

$T_1 =$　°C;		$G_0 =$　S/cm;		$G_\infty =$　S/cm	
t					
G_t					
$G_0 - G_t$					
$G_t - G_\infty$					
$\dfrac{G_0 - G_t}{G_t - G_\infty}$					
$T_2 =$　°C;		$G_0 =$　S/cm;		$G_\infty =$　S/cm	
t					
G_t					
$G_0 - G_t$					
$G_t - G_\infty$					
$\dfrac{G_0 - G_t}{G_t - G_\infty}$					

2. 速率常数的测定　用$\dfrac{G_0 - G_t}{G_t - G_\infty}$对$t$作图拟合得一直线，由直线斜率求得反应速率常数$k_1$、$k_2$值。

3. 活化能的计算　将k_1、k_2代入阿仑尼乌斯公式计算出活化能E_a。

四、注意事项

1. 更换电导池溶液时，要用电导水淋洗电极和电导池，再用被测溶液淋洗2~3次。

2. 电极引线不能潮湿，否则将影响测定结果。

3. 盛放待测试液的容器必须清洁，无离子玷污。

五、思考题

1. 在本实验中，溶液的电导率与反应进程有何关系？
2. 本实验为何采用稀溶液，浓溶液行不行？
3. 本实验为何要在恒温条件下进行？

六、预习要求

1. 复习二级反应动力学方程，掌握其特征；复习 Arrhenius 方程。
2. 了解电导率与浓度之间的关系，了解实验将浓度测量转换为电导率测量的原理。
3. 了解电导率仪的原理及使用方法。

实验十七　最大泡压法测定溶液的表面张力

一、实验目的

1. **掌握**　最大气泡压力法测定溶液表面张力的原理和方法。
2. **熟悉**　利用吉布斯（Gibbs）吸附等温式计算吸附量与浓度关系的方法。
3. **了解**　影响表面张力的因素。

二、实验原理

表面张力是液体的重要性质之一，液体的表面张力与温度有关，温度愈高，表面张力愈小，到达临界温度时，表面张力趋近于零。液体的表面张力也与液体的浓度有关，在溶剂中加入溶质，表面张力就要发生变化。从热力学观点来看，液体表面缩小导致体系总的吉布斯能减小，为一自发过程。如欲使液体产生新的表面积 ΔA，就需消耗一定量的功 W，其大小与 ΔA 成正比：$W_r = \sigma \Delta A$，而等温、等压下 $\Delta G = W_r$，如果 $\Delta A = 1\text{m}^2$，则 $W_r = \sigma = \Delta G_{\text{表}}$，表面在等温下形成 1m^2 的新表面所需的可逆功，即为吉布斯能的增加，故亦叫比表面吉布斯能，其单位是 J/m^2。从物理学力的角度来看，是作用在单位长度界面上的力，故亦称表面张力，其单位为 N/m。

表面张力的产生是由于表面分子受力不均衡引起的，当一种物质加入后，对某些液体（包括内部和表面）及固体的表面结构会带来强烈的影响，则必然引起表面张力，即比表面吉布斯能的改变。根据吉布斯能最低原理，溶质能降低液体（溶剂）的表面吉布斯能时，表面层溶质的浓度比内部的大；反之，若使表面吉布斯能增加时，则溶质在表面的浓度比内部的小。这两种现象都叫溶液的表面吸附。显然在指定温度和压力下，溶质的吸附量与溶液的表面张力和溶液的浓度有关。从热力学方法可导出它们之间的关系式，即吉布斯（Gibbs）吸附等温式

$$\Gamma = -\frac{c}{RT}\left(\frac{\partial \sigma}{\partial c}\right)_T \tag{2-60}$$

式中，Γ 为表面吸附量（单位为 mol/m^2）；σ 为比表面吉布斯能（J/m^2）或称表面张力（N/m）；T 为绝对温度（K）；c 为溶液浓度（mol/L）；R 为气体常数。显然，当 $\left(\dfrac{\partial\sigma}{\partial c}\right)_T < 0$ 时，$\Gamma > 0$，称为正吸附；当 $\left(\dfrac{\partial\sigma}{\partial c}\right)_T > 0$ 时，$\Gamma < 0$，称为负吸附。

溶于溶剂中能使其比表面吉布斯能 σ 显著降低的物质称为表面活性物质（即产生正吸附的物质）；反之，称为表面惰性物质（即产生负吸附的物质）。

通过实验，应用吉布斯方程式，可作出浓度与表面吸附量的关系曲线。先测定在同一温度下各种浓度溶液的 σ，绘出 $\sigma - c$ 曲线，将曲线上某一浓度 c_1 处对应的斜率 $\dfrac{d\sigma}{dc}$ 代入吉布斯公式就可求出吸附量，如图 2 - 23 所示。

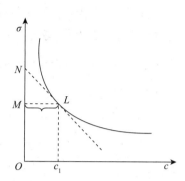

图 2 - 23　$\sigma - c$ 曲线

测定各平衡浓度下的相应表面张力 σ，作出 $\sigma - c$ 曲线，如图 2 - 23 所示，并在曲线上指示浓度的 L 点作一切线交纵轴于 N 点，再通过 L 点作一条横轴平行线交纵轴于 M 点，则有如下的关系式

$$-c_1\left(\frac{d\sigma}{dc}\right) = \overline{MN} \quad 即 \quad \Gamma_1 = \frac{\overline{MN}}{RT} \tag{2-61}$$

由以上方法计算出适当间隔（浓度）所对应的 Γ 值，便可作出 $\Gamma - c$ 曲线。测量表面张力的方法很多，如毛细管上升法、滴重法、拉环法等，而以最大气泡压力法较方便，应用颇多。

如图 2 - 24 所示，将欲测表面张力的液体装于试管 2 中，使毛细管 1 的端口与液体表面相切，即刚接触液面，因毛细作用，液体沿毛细管上升一段距离，打开滴液漏斗 6 的玻璃活塞 5，滴液达到缓缓增压目的，此时毛细管 1 内液面上受到一个比管 2 内液面上大的压力，当此压力差稍大于毛细管端产生的气泡内的附加压力时，气泡就冲出毛细管。此时压力差 Δp 和气泡内的附加压力 $p_{附}$，始终维持平衡。压力差 Δp 可由压力计读出。

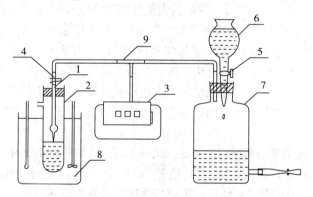

图 2 - 24　表面张力仪装置示意图

1. 玻璃毛细管；2. 带支管试管；3. 数字式微压差测量仪；4. 夹子；
5. 玻璃旋塞；6. 滴液漏斗；7. 磨口瓶；8. 恒温容器；9. T 型管

气泡内的附加压力 $p_{附}$，计算公式如下：

$$p_附 = \frac{2\sigma}{\gamma} \tag{2-62}$$

式中，γ 为气泡的曲率半径；σ 为溶液的表面张力。由于 $\Delta p = p_附$，则

$$\sigma = \frac{\gamma}{2} \cdot \Delta p \tag{2-63}$$

因为只有气泡半径等于毛细管半径时，气泡的曲率半径最小，产生的附加压力最大，此时压力计上的 Δp 也最大。所以在测得压力计上的最大 Δp 对应的 γ 即为毛细管半径。毛细管半径不易测得，但对同一仪器又是一常数，即 $\frac{\gamma}{2}$ = 常数，设为 K，称作仪器常数。则式（2-63）变为

$$\sigma = K\Delta p \tag{2-64}$$

用已知表面张力 σ_0 的液体测其最大压力差 Δp_0，则 $K = \frac{\sigma_0}{\Delta p_0}$，代回式（2-64）可测任何溶液的 σ 值。

三、仪器与药品

仪器 表面张力仪一套（图2-24），恒温水浴1台
药品 蒸馏水，无水乙醇（A. R）

四、实验操作

1. 溶液的配制 用重量法配制5%、10%、15%、20%、25%、30%、35%、40%的乙醇水溶液。

2. 仪器的清洗 将表面张力仪用洗液浸泡数分钟后，用自来水及蒸馏水冲洗干净，不要在玻璃面上留有水珠，使毛细管有很好的润湿性。

3. 调节温度 调节恒温水浴温度为25℃（或30℃）。

4. 仪器常数的测定 在减压器中装满水，塞紧塞子。使夹子4处于开放状态。在管2中注入少量蒸馏水，装好毛细管1，并使其尖端处刚好与液面接触（多余液体可用洗耳球吸出）。按图2-24装好夹子，为检查仪器是否漏气，打开滴水增压，在微压差计上有一定压力显示，关闭开关，停1min左右，若微压差计显示的压力值不变，说明仪器不漏气。再打开开关5继续滴水增压，空气泡便从毛细管下端逸出，控制使空气泡逸出速度为每分钟20个左右，可以观察到，当空气泡刚破坏时，微压差计显示的压力值最大，读取微压差计最大压力值至少三次，求平均值。由已知蒸馏水的表面张力 σ_0 及实验测得的压力值 Δp_0，可算出 K 值。

5. 不同浓度乙醇溶液表面张力的测定 先夹上夹子，然后把表面张力仪中的蒸馏水倒掉，用少量待测溶液将2内部及毛细管冲洗2~3次，然后倒入要测定的乙醇溶液。从最稀溶液开始，依次测较浓的溶液。此后，按照与测量仪器常数的相同操作进行测定。将乙醇溶液测完后，洗净管子及毛细管，依法重测一次蒸馏水的表面张力，与实验前测的蒸馏水的表面张力值进行比较，并加以分析。

6. 改变恒温水浴温度 按上述步骤测定35℃下乙醇系列表面张力。

7. 乙醇溶液的折射率的测定 如果没有条件而按体积配制的溶液，需要分别测定乙醇溶液的折射率，在工作曲线上查得准确浓度，工作曲线可由实验室提供。

五、数据记录和处理

1. 将实验数据及结果填入表 2 – 26。

表 2 – 26　实验数据及结果

室温：＿＿＿℃　　　　　水的表面张力 σ_0：＿＿＿＿

乙醇溶度（％）	测定次数及平均值				$K = \dfrac{\sigma_0}{\Delta p_0}$	σ	Γ
	1	2	3	平均			
0（纯水）							
…							
…							

2. 按表列和计算的数据画出乙醇的 $\sigma – c$ 图。
3. 在 $\sigma – c$ 图上用作切线法求各适当间隔的浓度的 Γ 值。并作出 $\Gamma – c$ 吸附等温线。
4. 作出 35℃时的 $\Gamma – c$ 吸附等温线并与 25℃时比较得出温度影响结论。

六、注意事项

1. 仪器系统不能漏气。
2. 读取压力计的压差时，应取气泡单个逸出时的最大压力差。

七、思考题

1. 表面张力仪的清洁与否对所测数据有何影响？
2. 为什么不能将毛细管口插入液面以下？
3. 气泡逸出得很快，对结果会有什么影响？
4. 为什么不需要知道毛细管尖口的半径？

八、预习要求

1. 复习影响液体表面张力大小的因素。
2. 了解表面物理化学在生命科学、材料科学等领域的应用。

实验十八　固 – 液界面接触角的测量

一、实验目的

1. 掌握　静态法测定接触角的方法。
2. 熟悉　液体在固体表面的润湿过程及接触角的定义。
3. 了解　润湿在药剂学中的应用。

二、实验原理

润湿是固体表面上气体被液体取代的过程。润湿是自然界和生产过程中常见的现象。液、固两相接触后可使系统表面张力降低者即为润湿，表面张力降低得越多，则越易润湿。

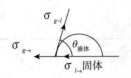

图 2 – 25　接触角示意图

接触角是表征液体在固体表面润湿性的重要参数之一，由它可了解液体在固体表面的润湿程度。接触角是指在固、液、气三相交界处，自固 – 液界面经液体内部到气 – 液界面的夹角，通常以 θ 来表示。如图 2 – 25 所示，在一个水平放置的光滑固体表面上，滴一滴液体，并达平衡。平衡时，接触角与三个界面张力之间有如下关系

$$\sigma_{g-s} = \sigma_{g-l}\cos\theta + \sigma_{l-s} \quad \text{或} \quad \cos\theta = \frac{\sigma_{g-s} - \sigma_{l-s}}{\sigma_{g-l}}$$

此式是润湿的基本公式，称为杨氏方程。θ 触角；σ_{g-s} 固体的表面张力；σ_{g-l} 液体的表面张力；σ_{l-s} 固体与液体的界面张力。该公式可以看作是三相交界处三个界面张力平衡的结果。此关系式适用于三相交界处固液、固气界面共切线体系。具体应用中，我们把接触角大小作为评判润湿性的重要指标。接触角测定在药物剂型制备改良、矿物浮选、注水采油、洗涤、印染、焊接等方面有广泛的应用。接触角越小，润湿性也就越好。通常把 $\theta = 90°$ 作为润湿与否的界限，当 $\theta > 90°$，称为不润湿，当 $\theta < 90°$ 时，称为润湿，θ 越小润湿性能越好；当 θ 等于零时，液体在固体表面上铺展，固体被完全润湿。

影响润湿作用和接触角的因素很多。如，固体和液体的性质及杂质、添加物的影响，固体表面的粗糙程度、不均匀性的影响，表面污染等。原则上说，极性固体易为极性液体所润湿，而非极性固体易为非极性液体所润湿。玻璃是一种极性固体，故易为水所润湿。对于一定的固体表面，在液相中加入表面活性物质常可改善润湿性质，并且随着液体和固体表面接触时间的延长，接触角有逐渐变小趋于定值的趋势，这是由于表面活性物质在各界面上吸附的结果。

接触角的测定方法很多，根据直接测定的物理量分为四大类：角度测量法、高度测量法、力测量法和透射测量法等。其中，角度测量法是最常用的，也是最直截了当的一类方法。它是在平整的固体表面上滴一滴小液滴，直接测量接触角的大小。为此，可用低倍显微镜中装有的量角器测量，也可将液滴图像投影到屏幕上或拍摄图像再用量角器测量，这类方法都无法避免人为作切线的误差。本实验采用 JC2000C1 静滴接触角测量仪（图 2 – 26）通过量高法和量角法进行接触角的测定。

三、仪器与药品

仪器　JC2000C1 静滴接触角/界面张力测量仪，微量注射器，载玻片

图 2 – 26　接触角测定仪
1. 摄像头；2. 载物台；3. 进样器；4. 光源

药品 蒸馏水，无水乙醇

四、实验操作

1. 开机 将接触角测量仪与电脑相连，然后接通电源、打开电脑、双击桌面上的 JC2000C1 应用程序进入测试主界面。点击界面右上角的"活动图像"按钮，这时可以看到摄像头拍摄的载物台上的图像。

2. 调焦 将微量注射器固定在载物台上方，调整摄像头焦距到 0.7 倍，然后旋转摄像头底座后面的旋钮，调节摄像头与载物台间的距离，使成像清晰。

3. 加样 将适量蒸馏水吸入微量进样器备用，注意排出气泡。通过旋转进样器顶端的采样旋钮，压出待测液滴，通常在 $0.6 \sim 1.0 \mu l$ 的样品量为最佳。这时可以从活动图像中看到进样器下端出现清晰的悬挂液滴。

4. 接样 用脱脂棉蘸取适量乙醇将载玻片清洁后置于载物台上晾干备用。然后缓慢旋转载物台底座的旋钮，上调载物台高度，轻轻触碰悬挂在进样器下端的液滴，而后稍稍下调，使液滴落在固体表面。

5. 冻结图像 点击测试主界面右上角的"冻结图像"按钮，将画面冻结，再点击 File 菜单中的"save as"功能键，将图像保存。后续接触角的测量均以此图像为准。

6. 量高法 进入量高法主界面，打开保存的冻结图象文件，然后用鼠标左键选中液滴的最左端、最右端和最高点（如图 2 - 27 所示，如果选取错误，可以点击鼠标右键，取消本次选定）。选中完毕，点击测试界面右下角的测量值"确认"按钮，完成接触角的测量。三次测量，求平均值。

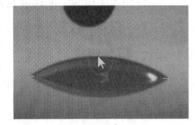

图 2 - 27 量高法选取端点示意图

7. 量角法 选择量角法功能菜单，进入量角法主界面。点击界面右上端的"开始"按钮，打开保存的冻结图像。此时图像上出现两条夹角为 90° 的直线组成的测量尺，通过键盘上的 A、D、W、S 键可调节测量尺向左、右、上、下移动。调节分三步进行（图 2 - 28）：首先使两条测量尺分别与液滴左、右边界相切；接着下移测量尺，使其交点与液滴顶端重合；最后，利用键盘上"<"和">"键，旋转测量尺，使左测量尺与液滴的左端相交，而后点击测试界面的"确定"按钮，即得接触角值，也可以使右侧测量尺与液滴右端相交，此时测得的是接触角的补角（接触角应为 180° 减去测得的补角），最后求两者的平均值。进行三次测量，求其平均值。

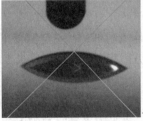

图 2 - 28 量角法中三步法调节标尺位置示意图

五、数据记录和处理

表 2 – 27　蒸馏水在固体表面接触角的测量（实验温度＿＿＿）

实验次数	θ(量角法)(°)			θ（量高法）(°)
	左	右	平均	
1				
2				
3				

六、注意事项

1. 液滴大小控制在 $0.6 \sim 1.0 \mu l$ 的样品量为最佳，否则将影响接触角的测量值。
2. 上调载物台触碰液滴的过程尽可能减小外力干扰，以免影响接触角的测量值。
3. 冻结图像时应迅速，最好在接样后 10s 内完成。

七、思考题

1. 液体在固体表面的接触角与哪些因素有关？
2. 液滴过大或过小对接触角读数有何影响？

八、预习要求

1. 复习润湿的概念，了解影响润湿的因素。
2. 复习接触角的定义。

实验十九　固 – 液界面的吸附

一、实验目的

1. **掌握**　活性炭在醋酸溶液中进行吸附的弗劳因特立希（Freundilich）吸附等温式。
2. **熟悉**　固 – 液吸附时弗劳因特立希吸附等温式中经验常数的求算方法。
3. **了解**　固体吸附剂特征。

二、实验原理

活性炭是一种高分散的多孔性吸附剂，在一定温度下，它在中等浓度溶液中的吸附量与溶质平衡浓度的关系，可用弗劳因特立希吸附等温式表示

$$\frac{x}{m} = kc^{1/n}$$

式中，m 为吸附剂的质量（g），x 为吸附平衡时被吸附的吸附质的量（mol），$\frac{x}{m}$ 为平衡吸附量(mol/g)，c 为吸附平衡时留在溶液中的吸附质浓度（mol/L），k、n 为经验常数（与吸附剂、吸附质的性质和温度有关）。

将上式取对数，得

$$\lg \frac{x}{m} = \frac{1}{n}\lg c + \lg k$$

以 $\lg \frac{x}{m}$ 对 $\lg c$ 作图，可得一条直线，直线的斜率等于 $\frac{1}{n}$，截距等于 $\lg k$，由此可求得 n 和 k。

三、仪器与药品

仪器　碘量瓶（250ml）6 个，锥形瓶（250ml）7 个，碱式滴定管（50ml）1 支，漏斗 1 个，移液管（10ml、20ml、25ml）各 2 支

药品　0.1mol/L NaOH 标准溶液，酚酞指示剂，活性炭，0.4mol/L 醋酸

四、实验操作

1. 配制溶液　在 6 个干洁的碘量瓶上分别标以号码，并在各瓶中称入约 2.5g（精确到 0.01g）活性炭。然后用两支滴定管按表 2 - 28 的量分别移取蒸馏水和醋酸溶液注入 6 个碘量瓶中，并加塞振摇半小时。

表 2 - 28　各瓶需注入溶液量

	瓶号					
	1	2	3	4	5	6
蒸馏水（ml）	0	50	75	85	92	96
0.4 mol/L 醋酸（ml）	100	50	25	15	8	4

2. 过滤　滤去活性炭，用初滤液分两次润洗接收入锥形瓶后弃去，将后续滤液收集于锥形瓶中备用。

3. 滴定　于第 1、2 号瓶内各取 10.00ml 滤液，于第 3、4 号瓶内各取 25.00ml 滤液，于第 5、6 号瓶内各取 40.00ml 滤液，分别用标准 NaOH 溶液进行滴定。每个滤液都应重复滴定一次，消耗 NaOH 溶液的量记录于表 2 - 29，并求两次滴定用量的平均值。

4. 标定醋酸原始浓度　取一定量的原始醋酸溶液，用标准 NaOH 溶液进行滴定，并记录所用 NaOH 溶液体积。

五、数据记录和处理

1. 数据记录

室温：_____　　　　　　　气压：_____

标准 NaOH 浓度：_____　　　滴定醋酸消耗 NaOH 体积：_____

取原始醋酸体积：_____　　　原始醋酸溶液浓度：_____

表 2 - 29　固 - 液界面吸附实验记录

	瓶号					
	1	2	3	4	5	6
消耗 NaOH 体积 1（V_1）						
消耗 NaOH 体积 2（V_2）						
消耗 NaOH 体积的平均值（$\overline{V}$）						

2. 数据处理及作图

（1）计算吸附前各瓶中醋酸溶液的浓度 c_0，并将数据记录于表 2−30。

（2）计算吸附平衡时各瓶中醋酸溶液的浓度 c，并将数据记录于表 2−30。

（3）用下式计算各瓶中被活性炭吸附的醋酸量 x，记录于表 2−30。

$$x = (c_0 - c) \times \frac{100\text{ml}}{1000\text{ml/L}}$$

（4）将 6 瓶溶液的 $\frac{x}{m}$、$\lg c$、$\lg \frac{x}{m}$ 计算出来并列入表 2−30。

表 2−30　固−液界面吸附实验数据处理

	瓶号					
	1	2	3	4	5	6
吸附前溶液浓度 c_0						
吸附平衡时溶液浓度 c						
活性炭吸附醋酸量 x						
$\frac{x}{m}$						
$\lg c$						
$\lg \frac{x}{m}$						

（5）以 $\frac{x}{m}$ 为纵坐标、c 为横坐标绘制 $\frac{x}{m}$ 对 c 的吸附等温线。

（6）以 $\lg \frac{x}{m}$ 为纵坐标、$\lg c$ 为横坐标拟合直线，从直线的斜率和截距求出 n 和 k。

六、注意事项

1. 弃去一小部分初滤液。

2. 平衡过程中一定要振摇。

3. 使用完的活性炭不能直接丢入下水道，以免堵塞下水道。

七、思考题

1. 固体吸附剂的吸附量大小与哪些因素有关？

2. 为了提高实验的准确度应该注意哪些操作？

3. 在过滤分离活性炭时，为什么要弃去一小部分初滤液？

八、预习要求

1. 活性炭在醋酸溶液中进行吸附的原理是什么？

2. 吸附过程中，为什么要振摇锥形瓶？

实验二十 电导法测定表面活性剂的临界胶束浓度

一、实验目的

1. 掌握 表面活性剂临界胶束浓度 CMC 的测定方法。

2. 熟悉 表面活性剂的两亲性结构特征。

3. 了解 表面活性剂在生产、生活中的应用。

二、实验原理

表面活性剂分子是由亲水性的极性基团和憎水性的非极性基团组成的有机化合物，当它们以低浓度存在于某一体系中时，可被吸附在该体系的表面上，采取极性基团朝向水、非极性基团朝向空气定向排列，从而使表面自由能明显降低。表面活性剂具有润湿、乳化、洗涤、发泡等重要作用，广泛用于石油、纺织、农药、采矿、食品、民用洗涤等各个领域。

在表面活性剂溶液中，当溶液浓度增大到一定值时，表面活性剂离子或分子不但在表面聚集形成单分子层，而且在溶液内部也发生相互靠拢，形成憎水基向内、亲水基向外的聚集体，称为胶束。胶束可以呈球状、棒状或层状。形成胶束的最低浓度称为临界胶束浓度，简称 CMC。

溶液的许多物理化学性质随着胶束的形成而发生明显的改变，如图 2 - 29 所示。只有溶液浓度稍高于 CMC 时，表面活性剂的乳化、洗涤等作用才能充分发挥出来，所以 CMC 是表面活性剂的一种重要量度。

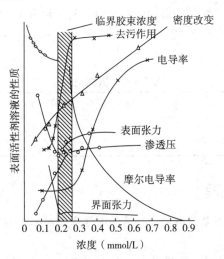

图 2 - 29 十二烷基硫酸钠的性质与浓度的关系

原则上，表面活性剂随浓度变化的物理化学性质都可以用于测定 CMC，常用的方法有表面张力法、电导法、染料法等。本实验通过测定表面活性剂的电导率来确定 CMC 值。它是利用离子型表面活性剂水溶液的电导率随浓度的变化关系，作 $\kappa - c$ 曲线或 $\Lambda_m - c^{1/2}$ 曲线，

由曲线的转折点求出 CMC 值。对电解质溶液，其导电能力由电导 G 衡量

$$G = \kappa \left(\frac{A}{l} \right) \qquad\qquad (2-65)$$

式中，κ 是电导率（S/m），l/A 是电导池常数（m^{-1}）。

在恒温下，强电解质稀溶液的电导率 κ 与其摩尔电导率 Λ_m 的关系为

$$\Lambda_m = \frac{\kappa}{c} \qquad\qquad (2-66)$$

其中，Λ_m 单位为 $S \cdot m^2/mol$，c 的单位为 mol/m^3。

若温度恒定，在极稀的浓度范围内，强电解质溶液的摩尔电导率 Λ_m 与其溶液浓度的 $c^{1/2}$ 成线性关系。对于胶体电解质，在稀溶液时的电导率、摩尔电导率的变化规律与强电解质一样，但是随着溶液中胶团的生成，电导率和摩尔电导率发生明显变化，这就是确定 CMC 的依据。

三、仪器与药品

仪器 DDS-307 电导率仪 1 套，恒温水浴 1 套，容量瓶（50ml）12 个，烧杯 2 个

药品 十二烷基硫酸钠（A.R），电导水

四、实验操作

1. 准备工作 打开电导率仪，预热 10min。

2. 配制不同浓度的十二烷基硫酸钠溶液 取 50ml 容量瓶 12 个，编号后用 0.1000mol/L 十二烷基硫酸钠（$C_{12}H_{25}SO_4Na$）溶液稀释配制浓度为 2.000、4.000、6.000、7.000、8.000、9.000、10.00、12.00、14.00、16.00、18.00、20.00mmol/L 的十二烷基硫酸钠溶液各 50.00ml，于 30℃ 恒温。

3. 测定不同浓度的十二烷基硫酸钠溶液及纯水的电导率 κ 恒温下测定上述溶液及纯水的电导率 κ，数据记录于表 2-31 中，计算 $\kappa_活 = \kappa_液 - \kappa_水$，以 $\kappa_活$ 对 c 作图或 Λ_m 对 $c^{1/2}$ 作图。

表 2-31 数据记录

c(mmol/L)	0	2.000	4.000	6.000	7.000	8.000	10.00	12.00	14.00	16.00	18.00	20.00
κ(S/m)												
Λ_m($S \cdot m^2/mol$)												

五、数据记录和处理

1. 计算各浓度的十二烷基硫酸钠水溶液的电导率和摩尔电导率。以浓度的开方数据列表，并绘制成工作曲线。

2. 将数据列表，以 $\kappa_活$ 对 c 作图或 Λ_m 对 $c^{1/2}$ 作图，由曲线转折点确定临界胶束浓度 CMC 值。

六、注意事项

1. 室温时，0.2mol/L 的十二烷基硫酸钠溶液会析出，需加热溶解。溶液稀释操作要准

确，防止起泡。

2. 清洗电导电极时，两个铂片不能产生机械摩擦，可用电导水淋洗，用吸水纸将水吸尽，并且不能使吸水纸沾洗内部铂片。

3. 注意应按照由低到高的浓度顺序测量样品的电导率。

4. 电极在冲洗后必须吸干，以保证测量时溶液浓度不变，电极在使用过程中电极片必须完全浸入到所测溶液中。

七、思考题

1. 若要知道所测得的临界胶束浓度是否准确，可用什么实验方法验证？

2. 试说出电导法测定临界胶束浓度的原理。

3. 实验中影响临界胶束浓度的因素有哪些？

八、预习要求

1. 复习电解质溶液的电导及其应用。

2. 预习电导率仪的使用方法。

实验二十一　溶胶的制备、净化及性质

一、实验目的

1. 掌握　胶溶法或凝聚法制备 $Fe(OH)_3$ 溶胶和纯化溶胶的方法。

2. 熟悉　利用界面移动法测定 $Fe(OH)_3$ 溶胶的电泳速度和溶胶的 ζ 电势。

3. 了解　溶胶的光学性质和电学性质。

二、实验原理

1. 溶胶的定义及其特征　溶胶是分散相以胶体分散程度分散在液体介质中所形成的分散系统。其特征如下：

（1）高度分散性　胶粒直径为 $1 \sim 100 nm$，介于粗分散系统和真溶液之间。胶体的许多性质，如扩散慢、不能透过半透膜、动力学稳定性强等都与分散性有关。

（2）多相性　分散相微粒是多分子聚集体，与分散介质存在物理界面，相界面很大。

（3）聚结不稳定性　溶胶分散系具有巨大的表面积和表面能，是热力学不稳定体系，微粒有自动聚集的趋势。

2. 溶胶的制备方法　溶胶的制备方法有分散法和凝聚法。

（1）分散法　借机械粉碎、超声波震荡分散等方法，可以把大颗粒物质在介质中分散成胶粒大小的质点而制成溶胶；也可利用胶溶法，将新鲜沉淀经洗涤除去过多杂质后，再加入少量稳定剂，使沉淀重新分散形成溶胶。

胶溶法制备 $Fe(OH)_3$ 溶胶原理如下：

$$FeCl_3 + 3NH_3 \cdot H_2O \longrightarrow Fe(OH)_3 + 3NH_4Cl$$

$$FeCl_3 \longrightarrow Fe^{3+} + 3Cl^-$$

$$[Fe(OH)_3]_m + nFe^{3+} + 3nCl^- \longrightarrow \{[Fe(OH)_3]_m \cdot nFe^{3+} \cdot 3(n-x)Cl^-\}^{3x+} \cdot 3xCl^-$$

实验中通过向 $FeCl_3$ 溶液中滴加 $NH_3 \cdot H_2O$ 生成 $Fe(OH)_3$ 沉淀，沉淀洗涤除去过量的氨水，然后将新鲜的沉淀重新分散到水溶液中形成 $1 \sim 100nm$ 的聚集体（胶核），分散过程中加入少量的 $FeCl_3$。利用胶核微小粒子的吸附性能，且优先吸附与其组成相同或相似离子的性质，使 n 个 Fe^{3+} 吸附至 $[Fe(OH)_3]_m$ 胶核表面形成定位离子，起到了稳定剂的作用，同时由于 n 个 Fe^{3+} 又因静电引力吸附 $3(n-x)$ 个反离子 Cl^-，共同组成吸附层，胶核与吸附层组成胶粒；还有 $3x$ 个 Cl^- 由于热运动远离定位离子和胶核，形成扩散层；胶粒和扩散层共同组成胶团。从 $Fe(OH)_3$ 的胶团结构示意图（图 2-30）可以看出，胶粒带正电，扩散层带等量的负电，胶团是电中性的。

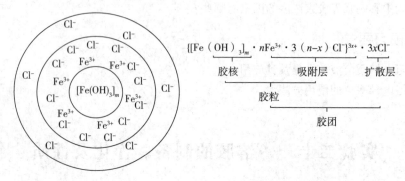

图 2-30　胶溶法制备 $Fe(OH)_3$ 胶体的胶团结构示意图

（2）凝聚法　将分子或离子在介质中凝聚而形成溶胶，其具体方法可以通过改换介质、化学凝聚等方法达到效果。

化学凝聚法制备 $Fe(OH)_3$ 溶胶，原理如下：

$$FeCl_3 + 3H_2O \longrightarrow Fe(OH)_3 \downarrow + 3HCl$$

$$Fe(OH)_3 + HCl \longrightarrow FeOCl + 2H_2O$$

$$FeOCl \longrightarrow FeO^+ + Cl^-$$

$$[Fe(OH)_3]_m + nFeO^+ + nCl^- \longrightarrow \{[Fe(OH)_3]_m \cdot nFeO^+ \cdot (n-x)Cl^-\}^{x+} \cdot xCl^-$$

$FeCl_3$ 在沸水中水解得到 $Fe(OH)_3$ 沉淀，$Fe(OH)_3$ 一部分作为胶核，一部分与 HCl 反应生成 FeOCl，FeOCl 电离得到 FeO^+ 和 Cl^-，按特性选择吸附规则，胶核优先吸附 FeO^+ 作为定位离子，Cl^- 作为反离子分别分散在吸附层和扩散层。

3. 溶胶的净化　在制成的溶胶中（尤其是化学方法制备的溶胶）常含有一些电解质和杂质，实践证明，少量电解质可使胶体变得稳定，但过多的电解质反而会破坏溶胶，影响胶体的稳定，故必须净化。溶胶的净化是根据半透膜允许小离子或分子透过而不允许胶粒透过的特性来进行渗析的。本实验是用火棉胶来制取半透膜。

4. 溶胶的光学性质　用一束会聚光线通过溶胶，在光前进方向的侧面可看到一明亮的"光柱"，这一现象称为丁铎尔现象，又称乳光效应。此现象可用来鉴别胶体。

5. 溶胶的电学性质　着重讨论电泳现象。在外加电场作用下，溶胶粒子在分散介质中定向移动的现象称为电泳。通过电泳可以测知溶胶粒子所带电荷的电性，也可测知溶胶的 ζ 电势。ζ 电势对了解溶胶的稳定性具有重要意义，ζ 电势的绝对值越大，表明胶粒所带的电荷越多，胶粒间排斥力越大，则溶胶越稳定；反之亦然。实验表明，多数溶胶的电动电势在 $30 \sim 60\text{mV}$ 之间。

利用电泳测定 ζ 电势有宏观法和微观法两种。宏观法是观察在电泳管内溶胶与辅助液间界面在电场作用下的移动速度；微观法为借助于超显微镜观察单个胶体粒子在电场中定向移动速度。对于高度分散的溶胶如 $Fe(OH)_3$ 溶胶或过浓的溶胶，不易观察个别粒子的运动，只能用宏观法。对于颜色太淡或浓度过稀的溶胶，则适宜用微观法。

宏观电泳法中，ζ 电势的计算公式为

$$\zeta = \frac{K \eta v}{4 \varepsilon_0 \varepsilon_r E} \tag{2-67}$$

或

$$\zeta = 9 \times 10^9 \frac{K \pi \eta v}{\varepsilon_r E} \tag{2-68}$$

式中，K 为与胶粒形状有关的常数，本实验中的氢氧化铁溶胶，胶粒为棒形，取 $K = 4$；η 为分散介质的黏度，298.15K 时水的黏度是 $0.8904 \times 10^{-3} \text{Pa} \cdot \text{s}$；$\varepsilon_0$ 为真空绝对介电常数，其值为 $8.85 \times 10^{-12} \text{F/m}$；$\varepsilon_r$ 为分散介质的相对介电常数，水的 $\varepsilon_r = 81$；v 为胶粒的电泳速度，单位为 m/s；$E(\text{V/m})$ 为电场强度。

本实验用宏观法测定。在一定的外加电场强度下通过测定 $Fe(OH)_3$ 胶粒的电泳速度计算 ζ 电势。各种电泳仪可能在使用上有些差别，但从原理上都是一致的。在电泳仪的两极间加上一定电压 U（单位 V）后，在 t（单位 s）时间内溶胶界面移动的距离为 d（单位 m），两极间的距离为 l（单位 m），则有胶粒的电泳速度 $v = d/t$，电场强度 $E = U/l$，代入式（2-67），取 K 为 4，得

$$\zeta = \frac{\eta d l}{\varepsilon_0 \varepsilon_r U t} \tag{2-69}$$

由上式可知，对于一定溶胶而言，通过测定溶胶界面在外电场作用下的移动距离，就可以求出 ζ 电势。

三、仪器与药品

仪器 烧杯（800ml、250ml、50ml）各 2 个，量筒（100ml、25ml）各 1 个，锥形瓶（250ml）2 个，移液管（5ml）1 支，滴管（1ml）1 支，试管（25ml）1 支，玻璃棒，电泳仪，电泳管，电炉，电吹风，电导率仪，恒温槽，磁力搅拌器，直流稳压电源，秒表

药品 $FeCl_3$ 固体（或者质量分数 10% $FeCl_3$ 溶液），10% NH_4OH，火棉胶溶液（质量分数 6%），KCl（0.5mol/L）溶液，$AgNO_3$（0.01mol/L）溶液，KSCN（质量分数 1%）溶液，尿素，去离子水

四、实验操作

1. 氢氧化铁溶胶制备

（1）胶溶法 取 20ml 10% $FeCl_3$ 溶液置于 250ml 烧杯内，用 80ml 蒸馏水稀释。用滴管加入 10% NH_4OH，直至不产生新沉淀（可吸上清液置于试管内试验），再过量加入 NH_4OH 数滴。制备沉淀时不要搅拌，静置 10min 后，过滤，用蒸馏水反复洗涤 $Fe(OH)_3$ 沉淀，将过量的 NH_4OH 除净。然后将沉淀转移至 250ml 烧杯中，加蒸馏水 100ml，再加入 5ml 10% $FeCl_3$，边搅拌边加热至微沸，沉淀逐渐溶解消失，即得到 $Fe(OH)_3$ 溶胶。

（2）凝聚法 在 250ml 烧杯中加入 95ml 蒸馏水，加热至沸，慢慢滴加 5ml 的 10%

FeCl$_3$ 溶液，并不断搅拌，加完后继续沸腾几分钟，得红棕色的氢氧化铁溶胶。

制得 Fe(OH)$_3$ 溶胶，取 1ml 放入试管中，加水冲稀，观察丁铎尔现象。

2. 氢氧化铁溶胶纯化

（1）半透膜的制备 取一 250ml 干燥洁净的锥形瓶，在瓶中倒入约 10ml 的火棉胶溶液，小心转动锥形瓶，使火棉胶在锥形瓶内壁上形成均匀薄膜，倒出多余的火棉胶于回收瓶中，将锥形瓶倒置，并不断旋转，让剩余的火棉胶液流尽，待乙醚挥发后，用手指轻轻接触火棉胶膜不粘手时，向瓶内加水至满（注意加水不宜太早，因乙醚若未蒸发完，则加水后膜呈白色，不适用；但亦不可太迟，膜变干硬后不宜取出），静止 10 分钟，剩余在膜上的乙醚即被洗去。倒去水，于瓶口处轻轻剥开一部分薄膜，在此膜和瓶壁间灌水，膜即脱离瓶壁。轻轻取出半透膜袋，检验膜袋是否有漏洞，若有漏洞，只需擦干有洞的部分，用玻璃棒蘸火棉胶少许，轻轻补好。制好的半透膜，要浸放于蒸馏水中。

（2）溶胶的纯化 将制得的 Fe(OH)$_3$ 溶胶加 5g 尿素置于半透膜袋内，用线拴住袋口，置于 800ml 烧杯内，加去离子水 300ml，放入恒温槽中，保持温度在 60～70℃ 之间，进行热渗析，每次间隔 10min 换一次去离子水，并取出 1ml 水，用 AgNO$_3$ 溶液检验 Cl$^-$，用 KSCN 溶液检验 Fe^{3+}。直至不能检查出 Cl$^-$ 和 Fe^{3+} 为止。（也可以通过测定电导率值，判断溶胶纯化的程度。）

3. 溶胶的电学性质 – 电泳

（1）配置辅助液 将渗析好的 Fe(OH)$_3$ 溶胶冷却至室温，用电导率仪测其电导率。用 0.1mol/L KCl 溶液和蒸馏水配制与溶胶电导率相同的辅助液（也可用最后一次渗析水代替）。

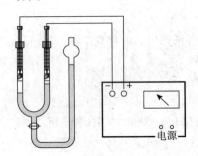

图 2 – 31 电泳的测定装置示意图

（2）胶粒带电符号及电泳的测定 电泳的测定装置如图 2 – 31 所示。将电泳管用蒸馏水清洗干净，检验不漏水，用吹风机吹干。在 U 形管侧管中加入几毫升 Fe(OH)$_3$ 溶胶，开启活塞，调至无空气后关闭。在 U 形管中加入少量辅助液（液面低于溶胶液面），将电泳管固定好，在 U 形管中放入两铂电极，缓慢小心开启活塞，让 Fe(OH)$_3$ 溶胶慢慢上升，速度不可过快，否则界面会不清晰。等到液面升至所需高度，关闭活塞，记下起始刻度。将两电极与直流稳压电源相连，工作电压调至 150V。开始计时并同时准确记录溶胶在电泳管中的液面位置，观察界面移动的方向，根据电极的正负确定胶粒带电符号。约 10min 后，等界面大约移动 1cm 时，准确记录电泳时间、移动距离以及电压数值，切断电源，倒掉溶液，用细绳和刻度尺测量两电极间的距离。洗净仪器，以备下次实验使用。

五、数据记录和处理

1. 准确记录各数据，计算电泳速度 v，计算 ζ 电势。
2. 根据胶粒电泳时移动的方向确定其所带电荷符号。

六、注意事项

1. 水解法制备溶胶时需边滴边搅拌，加热保持沸腾时需控制电炉温度不要过高。

2. 制备半透膜时，一定要使锥形瓶内壁均匀附着一层火棉胶；取出半透膜时，一定要借助水的浮力，将膜拖出。

3. 量取两极间的距离时，要沿电泳管中心线量取。

4. 电泳仪处于工作状态时勿连接或拆除仪器与电泳管的连线。

七、思考题

1. 制备的溶胶为何要纯化？可否纯化时间过长？
2. 电泳的速度与哪些因素有关？
3. 辅助液的电导率为何要与所测溶胶的电导率十分相近？

八、预习要求

1. 复习溶胶的胶团结构和性质。
2. 了解电导率仪的使用方法。

实验二十二　血清蛋白的醋酸纤维薄膜电泳

一、实验目的

1. 掌握　醋酸纤维薄膜电泳分离血清蛋白的原理。
2. 熟悉　醋酸纤维薄膜电泳操作技术。
3. 了解　醋酸纤维薄膜电泳的优点及其应用。

二、实验原理

带电粒子在电场中定向移动的现象称为电泳。以醋酸纤维薄膜为支持物，利用电泳的方法分离混合物的过程，叫做醋酸纤维薄膜电泳。

氨基酸和蛋白质等两性物质的分子中同时含有氨基和羧基，溶液的 pH 值不同，则两性物质的带电状态不同，pH 值较低时，溶液中的 H^+ 与氨基作用使两性物质带正电；pH 值较高时，溶液中的 OH^- 与羧基作用使两性物质带负电。调节溶液酸碱性，使两性物质恰好不带电荷或处于等电状态时的 pH 值称为两性物质的等电点，用符号 pI 表示。因结构差异，不同两性物质具有其特定的等电点。等电点与溶液 pH 值相差越大，两性物质所带电荷的数量越多。

结构的差异导致不同蛋白质具有不同的等电点，在同一 pH 值的溶液中，不同蛋白质所带电荷的种类及数量不同，导致在同一电场中，不同蛋白质的电迁移方向和速度不同。只要保证足够长的电泳时间，各种蛋白质就可以彻底分开。

带电粒子在电场中的电迁移速度与本身所带的净电量、颗粒的大小和形状有关。一般来说所带的电量愈多、颗粒愈小、形状越接近球形，则电迁移速度越快，反之则愈慢。电迁移速度除受颗粒本身性质的影响外，还和所施加的电场有关，计算电迁移速度的公式如（2 - 70）所示。

$$v = \frac{\zeta E \varepsilon}{K \eta} \qquad (2-70)$$

由式（2-70）可以看出电迁移速度（v）与电动电势（ζ）、电场强度（E）及介质的介电常数（ε）成正比，而与溶液的黏度（η）成反比。K 是一常数，由颗粒大小而定。

带电颗粒在单位电场强度下的电迁移速度称为电迁移率。即

$$u = \frac{v}{E} = \frac{d/t}{U/l} = \frac{dl}{Ut} \qquad (2-71)$$

式中，u 为电迁移率[$cm^2/(V \cdot s)$]；v 为颗粒的电迁移速度（cm/s）；E 为电场强度（V/cm）；d 为颗粒迁移的距离（cm）；l 为滤纸的有效长度（cm），即滤纸两极溶液交接面的距离；U 为实际电压（V）；t 为通电时间（s）。

通过测量 d、l、U、t 便可计算出电迁移率。电迁移率是胶粒的一个物理常数，可用来鉴定 DNA、蛋白质等物质以及研究它们的某些理化性质。

醋酸纤维薄膜电泳具有简便、快速、样品用量少、应用范围广、分离清晰、没有吸附现象等优点。目前已被广泛用于血清蛋白、脂蛋白、血红蛋白、糖蛋白、多肽、核酸、同工酶及其他生物大分子的分析检测，是医学和临床检验的常规技术。

本实验以醋酸纤维素为电泳支持物，分离多种血清蛋白。血清中含有白蛋白、α-球蛋白、β-球蛋白、γ-球蛋白和各种脂蛋白等。各种蛋白质由于氨基酸组成、分子量、等电点及形状不同，在电场中的迁移速率不同。血清中蛋白质的等电点大部分低于 pH 7.0，所以在 pH 8.6 缓冲溶液中带负电，在电场中向阳极移动。

三、仪器与药品

仪器 醋酸纤维薄膜，培养皿 3 个，玻璃棒 1 个，500ml 烧杯 1 支，150ml 具塞锥形瓶 2 支，50ml 量筒 2 支，微量注射器 1 个，剪刀 1 把，直尺和钢笔各 1 个，镊子 1 个，滤纸，电子天平（0.01g），DYY-2C 型稳压流电泳仪 1 台

药品 巴比妥（A.R），巴比妥钠（A.R），氨基黑 10B（A.R），甲醇（A.R），乙酸（A.R），95% 乙醇（A.R），1mg/ml 牛血清白蛋白

四、实验操作

1. 醋酸纤维素薄膜的湿润和选择 将膜小心地放入盛有缓冲液的培养皿内，使它漂浮在液面上。若迅速湿润，整个薄膜色泽深浅一致，则表明薄膜质地均匀；若湿润时，薄膜上出现深浅不一的条纹或斑点，则为厚薄不匀。实验中应选用质地均匀的薄膜。将薄膜用镊子轻压，使之完全浸入缓冲液内，待完全浸透（约 10min）后取出，夹在清洁的滤纸中间，轻轻吸去多余的缓冲液，同时分辨出光泽面和无光泽面。

2. "滤纸桥"的制备 裁剪尺寸合适的滤纸条，取双层附在电泳槽的支架上，使它一端与支架的前沿对齐，而另一端浸入电泳槽的缓冲液内，然后用缓冲液将滤纸全部润湿并用玻璃棒轻轻挤压滤纸以驱除气泡，使滤纸紧贴在支架上，即为"滤纸桥"。按照同样的方法，在另一个电极槽的支架上制作相同的"滤纸桥"。它们是联系醋酸纤维薄膜和两缓冲溶液之间的"桥梁"。

3. 溶液的准备 配置巴比妥-巴比妥钠缓冲液（pH 8.6，0.07mol/L，离子强度 0.06mol/kg）：使用电子天平称取巴比妥 1.66g、巴比妥钠 12.76g，置于 500ml 烧杯中，加入适量蒸馏水溶解后转移至 1000ml 容量瓶，用少量蒸馏水洗涤烧杯 2~3 次，并入容量瓶

后，定容至刻度。

配置氨基黑 10B 染色液：使用电子天平称取 0.5g 氨基黑 10B，置于 150ml 具塞锥形瓶，后用 50ml 量筒依次量取蒸馏水 40ml、甲醇 50ml 和乙酸 10ml 加入上述锥形瓶中，混匀即得。

配置漂洗液：用 50ml 量筒依次量取 95% 乙醇 45ml、乙酸 5ml 和蒸馏水 50ml 置于 150ml 具塞锥形瓶，混匀即可。

4. 点样 在薄膜无光泽的一面点样。点样区距负极端 1.5cm 处。点样时，用微量注射器将 5μl 的牛血清白蛋白点在醋酸纤维薄膜的点样区内。

5. 电泳 将点样端的薄膜平贴在阴极电泳槽支架的滤纸桥上（点样面朝下），另一端平贴在阳极端支架上。盖上电泳槽盖，使薄膜平衡 10min。仔细检查电泳装置的线路是否连接正确，然后通电，将电流调节到每厘米膜宽电流强度为 0.4～0.6mA，调节电压 120V，电泳 40min 左右。

6. 染色 电泳完毕立即取出薄膜，直接浸入染色液中，染色 3min。

7. 漂洗 将薄膜从染色液中取出后移至漂洗液中漂洗，每隔 5min 左右换一次漂洗液，直至背景色脱净。将膜取出夹在干净的滤纸中，吸去多余的溶液（或用吹风机将薄膜吹干）。

8. 量距 用直尺测量电泳后牛血清带的中心位置到起始中心位置的距离。

五、数据记录和处理

测量出滤纸条的有效长度 l（cm），牛血清白蛋白的电迁移距离 d（cm）。根据实际电压 U（V）和电迁移时间 t（s），计算出牛血清白蛋白的电迁移率。

六、注意事项

1. 市售醋酸纤维素薄膜均为干膜片，薄膜的浸润与选膜是电泳成败的关键之一。若飘浮于液面的薄膜在 15～30s 内迅速润湿，整条薄膜色泽深浅一致，则表明此膜均匀可用于电泳。

2. 醋酸纤维素薄膜电泳常选用 pH 8.6 巴比妥－巴比妥钠缓冲液，其浓度为 0.05～0.09mol/L。选择何种浓度与样品种类和薄膜的厚薄有关。缓冲液浓度过低，则区带泳动速度快，区带扩散变宽；缓冲液浓度过高，则区带泳动速度慢，区带分布过于集中，分离效果变差。

3. 点样时，应将薄膜表面多余的缓冲液用滤纸吸去，以免引起样品扩散。但不宜太干，否则样品不易进入膜内，造成点样起始点参差不齐，影响分离效果。

4. 点样时，动作要轻、稳，用力不能太大，以免损坏膜片或使膜片表面凹陷影响电泳区带分离效果。

5. 电泳时应选择合适的电流强度，一般电流强度为 0.4～0.6mA/cm 膜宽。电流强度高，则热效应大；电流强度过低，则样品泳动速度慢且易扩散。

七、思考题

1. 以血清为样品时，与纸上电泳相比，醋酸纤维薄膜电泳的优点是什么？

2. 为什么用 pH 8.6 的巴比妥－巴比妥钠缓冲液来浸泡醋酸纤维素薄膜？

八、预习要求

1. 复习电泳、两性物质、等电点等概念及电迁移速率的计算。
2. 了解电泳仪的使用方法。

实验二十三 黏度法测定大分子化合物的摩尔质量

一、实验目的

1. **掌握** 黏度法测定大分子化合物相对平均分子质量的原理和方法。
2. **熟悉** Ubbelohde 黏度计的使用方法。
3. **了解** 大分子化合物黏度产生原因。

二、实验原理

分子量是表征化合物特征的基本参数之一。大分子化合物的分子大小不一，参差不齐，多是一些相对分子质量不等的混合物，测得的相对分子量通常是一个平均值，一般在 $10^4 \sim 10^7$ 之间。测定大分子化合物分子量的方法很多，如端基分析、沸点升高、凝固点降低、恒温蒸馏、渗透压、光散射及黏度法等，其中黏度法由于设备简单、操作方便、实验精度较高，是常用的方法之一。

大分子化合物在稀溶液中的黏度，主要反映了液体在流动时存在的内摩擦。在测大分子化合物溶液黏度求分子量时，常用到表 2-32 中一些有关黏度的表示方法。

表 2-32 有关常用黏度的表示方法及意义

名词	符号	物理意义
纯溶剂黏度	η_0	溶剂分子与溶剂分子之间的内摩擦表现出来的黏度
溶液黏度	η	溶剂分子与溶剂分子、大分子与大分子和大分子与溶剂分子三者之间的内摩擦综合表现出来的黏度
相对黏度	η_r	$\eta_r = \dfrac{\eta}{\eta_0}$，溶液黏度对溶剂黏度的相对值
增比黏度	η_{sp}	$\eta_{sp} = \dfrac{\eta - \eta_0}{\eta_0} = \eta_r - 1$，溶液黏度比纯溶剂黏度增加的比值
比浓黏度	$\dfrac{\eta_{sp}}{c}$	单位浓度下显示的黏度
特性黏度	$[\eta]$	$\lim\limits_{c \to 0}\dfrac{\eta_{sp}}{c} = [\eta]$，无限稀释溶液中，大分子与纯溶剂分子间的内摩擦

大分子化合物的分子量愈大，则它与溶剂间的接触表面也愈大，摩擦就大，表现出的特性黏度也大。特性黏度和分子量之间的半经验关系式为

$$[\eta] = K \overline{M}^{\alpha} \qquad (2-72)$$

式中，$\overline{M}$ 为黏均分子量，K 为比例常数，α 是与温度、分子形状和大小等有关的经验参数，其数值在 $0.5 \sim 1$ 之间。K 和 α 值与温度、聚合物、溶剂性质有关，也和分子量大小有关，其数值可通过其他绝对方法确定，例如渗透压法、光散射法等。表 2-33 列出了一些常用

的 K 和 α 值。

表 2 - 33　大分子化合物溶剂体系的 $[\eta]$ － $\overline{M}$ 关系式

高聚物	溶剂	T（℃）	$10^3 K$（dm³/kg）	α	相对分子质量范围 $\overline{M} \times 10^4$
聚丙烯酰胺	水	30	6.31	0.80	2 ~ 50
	水	30	68	0.66	1 ~ 20
	1 mol/dm³ NaNO₃	30	37.5	0.66	－
聚丙烯腈	二甲基甲酰胺	25	16.6	0.81	5 ~ 27
聚甲基丙烯酸甲酯	苯	25	3.8	0.79	24 ~ 450
	丙酮	25	7.5	0.70	3 ~ 93
聚乙烯醇	水	25	20	0.76	0.6 ~ 2.1
	水	30	66.6	0.64	0.6 ~ 16
聚苯乙烯	甲苯	25	17	0.69	1 ~ 160
聚己内酰胺	40% H₂SO₄	25	59.2	0.69	0.3 ~ 1.3
聚醋酸乙烯酯	丙酮	25	10.8	0.72	0.9 ~ 2.5

在无限稀释条件下，大分子之间间隔很远，可以忽略它们之间的相互作用，此时有

$$\lim_{c \to 0} \frac{\eta_{sp}}{c} = \lim_{c \to 0} \frac{\ln \eta_r}{c} = [\eta] \qquad (2-73)$$

在无限稀释的大分子溶液中，$\dfrac{\eta_{sp}}{c}$ 与 c 和 $\dfrac{\ln \eta_r}{c}$ 与 c 之间符合下述经验关系式

$$\frac{\eta_{sp}}{c} = [\eta] + \alpha [\eta]^2 c \qquad (2-74)$$

$$\frac{\ln \eta_r}{c} = [\eta] - \beta [\eta]^2 c \qquad (2-75)$$

式（2 - 74）和式（2 - 75）中，α 和 β 是常数项。分别以 $\dfrac{\eta_{sp}}{c}$ 和 $\dfrac{\ln \eta_r}{c}$ 对浓度 c 作图，可得两条直线，如图 2 - 32，由直线外推至浓度趋于零可知大分子溶液的特性黏度 $[\eta]$，再利用式（2 - 72）即可获得大分子的平均分子量。

本实验采用 Ubbelohde 黏度计来测大分子溶液的相对黏度，其构造如图 2 - 33 所示，其测量管的主要部分为一毛细管。当液体在重力作用下流经毛细管时，遵守 Poiseuille 定律，即

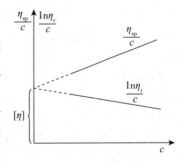

图 2 - 32　外推法求特性黏度

$$\frac{\eta}{\rho} = \frac{\pi h g r^4 t}{8 L V} - m \frac{V}{8 \pi L t} \qquad (2-76)$$

式中，η 是液体的黏度，ρ 是液体的密度，h 是流经毛细管液体的平均液柱高度，r 为毛细管的半径，L 为毛细管的长度，V 为流经毛细管液体的体积，t 为体积为 V 的液体流出毛细管的时间，m 为毛细管末端的校正参数（一般若 $r/L \ll 1$ 时，m 值可取 1）。

对于同一支指定的黏度计而言，相同条件下测定两种不同液体的黏度时，上式可以写成：

$$\frac{\eta}{\rho} = At - \frac{B}{t} \qquad (2-77)$$

式中，若液体的流出时间大于100s时，$\frac{B}{t}$ 项可忽略。因此，对于稀溶液而言有

$$\eta_r = \frac{\eta}{\eta_0} = \frac{t}{t_0} \qquad (2-78)$$

式中，t 为溶液的流出时间，t_0 为纯溶剂的流出时间。因此，可以通过测定溶液和纯溶剂在毛细管中的流出时间，由式（2-78）求得 η_r，再作图可求得 $[\eta]$。

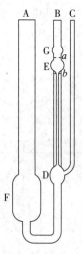

图 2-33 乌氏黏度计结构示意图

三、仪器和药品

仪器 恒温槽1套，Ubbelohde 黏度计1只，移液管，秒表
药品 聚乙烯醇（A.R），蒸馏水

四、实验步骤

本实验用的 Ubbelohde 黏度计，又叫气承悬柱式黏度计（图 2-33）。它可以在黏度计里逐渐稀释从而节省许多操作手续。

1. 清洗仪器 先用洗液将仪器洗净，再用自来水、蒸馏水分别冲洗几次，每次都要注意反复流洗毛细管部分，洗好后烘干备用。

2. 安装仪器 调节恒温槽温度至30.0℃，在黏度计的 B 管和 C 管上都套上橡皮管，然后将其垂直放入恒温槽，使水面完全浸没 G 球。

3. 测定溶液流出时间 用移液管分别吸取已知浓度的聚乙烯醇溶液 10ml 和蒸馏水 5ml，由 A 管注入黏度计中，在 C 管处用洗耳球缓慢打气，使溶液混合均匀，浓度记为 c_1，恒温 10 分钟后，进行测定。

测定方法：用夹子将 C 管夹紧，用吸耳球在 B 管将溶液从 F 球经 D 球、毛细管、E 球抽至 G 球 2/3 处，解除夹子，让 C 管通大气，此时 D 球内的溶液即回流入 F 球，毛细管以上的液体悬空。毛细管以上的液体受重力下落，当液面流经刻度 a 时，立即开始计时，当液面降至刻度 b 时，停止计时，测得液体流经毛细管所需时间。重复这一操作三次，使间隔相差不大于 0.3 秒，取三次的平均值，记为 t_1。然后依次用移液管由 A 管加入 5、5、5、5ml 蒸馏水，将溶液稀释，溶液浓度分别记为 c_2、c_3、c_4、c_5，用同法测定溶液流经毛细管的时间 t_2、t_3、t_4、t_5。应注意每次加入水后，要充分混合均匀，并抽洗黏度计的毛细管、E 球和 G 球，使黏度计内溶液各处的浓度相等。

4. 测定溶剂流出时间 用蒸馏水洗净黏度计，尤其要反复流洗黏度计的毛细管部分。然后由 A 管加入约 12ml 蒸馏水。恒温后，用同法测定溶剂流出的时间 t_0。

五、数据记录和处理

1. 将所测的实验数据及计算结果填入表 2-34 中。

表 2-34 溶液流经黏度计的数据记录与处理

原始溶液浓度 c_0（g/cm³）_____；恒温温度_____℃

c(g/cm³)	t_1(s)	t_2(s)	t_3(s)	$t_{平均}$(s)	η_r	$\ln\eta_r$	η_{sp}	η_{sp}/c	$\ln\eta_r/c$
c_1									

续表

$c(\text{g/cm}^3)$	$t_1(\text{s})$	$t_2(\text{s})$	$t_3(\text{s})$	$t_{平均}(\text{s})$	η_r	$\ln\eta_r$	η_{sp}	η_{sp}/c	$\ln\eta_r/c$
c_2									
c_3									
c_4									
c_5									
纯溶剂					–	–	–	–	–

2. 作 $\dfrac{\eta_{sp}}{c}-c$ 及 $\dfrac{\ln\eta_r}{c}-c$ 图，并外推到 $c\rightarrow 0$，由截距求出 $[\eta]$。

3. 由式（2 - 72）计算聚乙烯醇的黏均分子量，K、α 值可查表 2 - 33。

六、注意事项

1. 黏度计必须洁净，大分子化合物溶液中若有絮状物不能将它移入黏度计中。

2. 本实验溶液的稀释是直接在黏度计中进行的，因此每加入一次溶剂进行稀释时，必须混合均匀，并抽洗毛细管、E 球和 G 球。

3. 实验过程中恒温槽的温度要恒定，溶液每次稀释完恒温后才能测量。

4. 黏度计要垂直放置，实验过程中不要震动黏度计。

七、思考题

1. Ubbelohde 黏度计中支管 C 有何作用？除去支管 C 是否可测定黏度？

2. 黏度计的毛细管太粗或太细有什么缺点？

3. 为什么用 $[\eta]$ 来求算大分子化合物的分子量？它和纯溶剂黏度有无区别？

八、预习要求

1. 了解 Ubbelohde 黏度计的结构特点。

2. 了解黏度法测定高聚物分子量的基本原理和公式。

实验二十四 乳状液的制备与性质

一、实验目的

1. 掌握 乳状液类型的鉴别方法。

2. 熟悉 乳状液的转相与破乳。

3. 了解 乳状液制备原理。

二、实验原理

当两种互不相溶的液体（如苯和水），在有乳化剂存在的条件下一起振荡时，一种液相会以小液滴形式分散至另一液相中形成稳定的乳状液。其中，以不连续形式被分散的液滴称为分散相，或称为内相；以连续形式存在的另一相称为分散介质，或称为外相。一般情况下，在乳状液中一种液相为水相，另一种不溶于水的液相为有机相，统称为"油"。油分散在水中形成的乳状液，称为水包油型（油/水型，O/W 型）乳状液；反之，称为油包水型（水/油型，W/O 型）乳状液。两种液相相互分散最终形成何种类型的乳状液，这主要与添加的乳化剂性质有关。乳状液中分散相粒子的大小为 $0.1 \sim 10 \mu m$，属于粗分散系统，但由于它具有多相和聚结不稳定等特点，所以也是胶体化学研究的对象。

在自然界中，人们在生产及日常生活中会经常接触到乳状液，如从油井中喷出的原油、橡胶类植物的乳浆，常见的一些杀虫用乳剂、牛奶、人造黄油等均属于乳状液。

为了形成稳定的乳状液所必须加入的第三组分通常称为乳化剂，其作用在于增加乳状液的稳定性，阻止分散相相互聚结。许多表面活性物质可以做乳化剂，它们可以在界面上定向排列，形成一层具有一定机械强度的界面吸附层，从而在分散相液滴的周围形成坚固的保护膜而使乳状液稳定存在，乳化剂的这种作用称为乳化作用。通常，一价金属离子的脂肪酸盐，由于其亲水性大于亲油性，界面吸附层能形成较厚的水化层，从而能形成稳定的油/水型乳状液。而二价金属的脂肪酸盐，其亲油性大于亲水性，界面吸附层能形成较厚的油化层，从而能形成稳定的水/油型乳状液。

1. 鉴别乳状液类型的主要方法

（1）稀释法　乳状液能被与外相性质相同的液体所稀释。将一滴乳状液加入水中，若能立即散开，说明乳状液的分散介质是水，故乳状液属油/水型；如不能立即散开，则属于水/油型。例如牛奶能被水稀释，即为油/水型乳状液。

（2）染色法　选择一种水溶性或油溶性染料，加入装有乳状液的试管中，观察染色情况以判断乳状液的类型。如将水溶性染料亚甲基蓝加入乳状液中，整个溶液呈蓝色，说明水是外相，乳状液是油/水型；若将油溶性染料苏丹红Ⅲ加入乳状液中，整个溶液呈红色说明油是外相，乳状液是水/油型，如果只有星星点点液滴带色，则是油/水型。

（3）电导法　水相中一般都含有离子，故其导电能力比油相大得多。当水为分散介质时，外相是连续的，则乳状液的导电能力大；反之，若油为分散介质，水为内相，内相是不连续的，乳状液的导电能力将会很小。

2. 常用的破乳方法　有时人们希望破坏已形成的乳状液，以达到两相分离的目的，这就是破乳。如石油、橡胶、植物乳浆的脱水，牛奶中奶油的提取，污水中油沫的去除等都是破乳过程。破乳主要是破坏乳化剂的保护作用，最终使水油两相分层析出。

（1）加入适量的破乳剂　破乳剂往往是反型乳化剂，如对于由油酸镁作乳化剂而形成的水/油型乳状液，加入适量的油酸钠可使乳状液破坏。因为油酸钠亲水性强，能在界面上吸附，形成较厚的水化层，与油酸镁相对抗，降低油酸镁的乳化作用，使乳状液稳定性降低而破坏。但若油酸钠加入过多，则其乳化作用占优势，则水/油型乳状液可转相为油/水型乳状液。

（2）加入电解质　不同电解质可以产生不同作用。一般来说，在油/水型乳状液中加入电解质，可使分散相液滴表面的水化层变薄，降低乳状液稳定性。如在油/水型乳状液中加入适量 NaCl 可破乳，而加入过量 NaCl 可使界面吸附层的水化层比油化层更薄，则油/水型乳状液会转相为水/油型乳状液。

有些电解质与乳化剂会发生化学反应，破坏其乳化能力，如在油酸钠做稳定剂的乳状液中加入盐酸，生成油酸，从而破坏乳状液。

（3）加热　升高温度可使乳化剂在界面上的吸附量降低、厚度变薄，并降低界面吸附层的机械强度。此外温度升高，可使介质的黏度降低，布朗运动加快。因此，升高温度有助于乳状液的破坏。

（4）替代乳化剂　用不能生成牢固保护膜的表面活性物质来替代原来的乳化剂。如异戊醇的表面活性大，但其碳链太短，不足以形成牢固的保护膜，从而起到破乳作用。

（5）电场作用　在高压电场作用下，荷电分散相会变形，并彼此连接合并，使分散度下降，从而破坏乳状液。

三、仪器与药品

仪器　具塞锥形瓶（100ml）4 个，试管 20 支，试管架 1 个，量筒（25ml）2 个，小滴管 10 支，小玻璃棒 2 个，电导率仪 1 台、恒温水浴锅 1 台

药品　乙酸乙酯（A. R），油酸钠水溶液（1%，5%），油酸钙乙酸乙酯溶液（0.2%），3mol/L HCl，0.25mol/L CaCl$_2$，饱和 NaCl 水溶液，苏丹红Ⅲ溶液，亚甲基蓝水溶液

四、实验操作

1. 乳状液的制备　在具塞锥形瓶中加入 1% 油酸钠水溶液 15ml，然后分次加 15ml 乙酸乙酯（每次约加入 1ml），每次加后均剧烈振荡，直至看不到分层的乙酸乙酯相，得Ⅰ型乳状液。在另一具塞锥形瓶中加入 0.2% 油酸钙乙酸乙酯溶液 10ml，然后分次加 10ml 水（每次约加入 1ml），每次加水后均剧烈振荡，直至看不到分层的水，得Ⅱ型乳状液。

2. 乳状液的类型鉴别　依照下述三种方法分别鉴别两种乳状液的类型：

（1）稀释法　用小滴管将几滴Ⅰ型和Ⅱ型乳状液分别滴入盛有蒸馏水的试管中观察现象。若为油/水型，则易溶于水中，反之，若为水/油型，则不易分散在水中。记录现象于表 2－35 中。

（2）染色法　取两支干净的试管，分别加入 1～2ml Ⅰ型和Ⅱ型乳状液，向每支试管中加入 1 滴苏丹红Ⅲ溶液，振荡，观察现象。同样操作加 1 滴亚甲基蓝溶液，振荡，观察现象。记录现象于表 2－35 中。

（3）电导法　将电导率仪的电导电极分别插入装有Ⅰ型和Ⅱ型乳状液的锥形瓶中，测量其电导率，数据填入表 2－35 中。

3. 乳状液的破坏和转相　以下各项实验现象，均记录于表 2－36 中。

（1）取Ⅰ型和Ⅱ型乳状液各 1～2ml，分别置于两支试管中，逐滴加入 3mol/L HCl 溶液，观察现象。

（2）取Ⅰ型和Ⅱ型乳状液各 1～2ml，分别置于两支试管中，在水浴中加热，观察现象。

（3）取 2～3ml Ⅰ型乳状液于试管中，逐滴加入 0.25mol/L CaCl$_2$ 溶液，每加一滴剧烈振荡，注意观察乳状液的破坏和转相（是否转相用稀释法确定，下同）。

（4）取 2～3ml Ⅰ型乳状液于试管中，逐滴加入饱和 NaCl 溶液，剧烈振荡，观察乳状液有无破坏和转相。

（5）取 2～3ml Ⅱ型乳状液于试管中，逐滴加入 5% 油酸钠水溶液，每加一滴剧烈振荡，

观察乳状液有无破坏和转相。

五、数据记录和处理

1. 将乳状液类型的鉴别实验现象按表 2 – 35 记录，并确定乳状液的类型。

表 2 – 35　乳状液类型的鉴别

方法	乳状液	
	Ⅰ 型乳状液现象	Ⅱ 型乳状液现象
稀释法		
染色法		
电导法		
乳状液类型		

2. 将乳状液的破坏和转相实验现象按表 2 – 36 记录，并解释产生现象的原因。

表 2 – 36　乳状液的破坏与转相

项目	实验现象	原因
(1)		
(2)		
(3)		
(4)		
(5)		

六、注意事项

1. 滴加苏丹红Ⅲ溶液时，应避免滴加到实验台面上或衣物上。
2. 使用电导率仪前应校准电导池常数，以确保数据的准确性。

七、思考题

1. 在乳状液制备中为什么要剧烈振荡？
2. 乳状液的稳定性主要取决于哪些因素？

八、预习要求

1. 复习乳状液、乳化剂等概念及乳状液的鉴别、破坏和转相的方法。
2. 分析表面活性剂可作为乳化剂的原因。
3. 了解电导率仪的使用方法。

实验二十五　药物稳定性及有效期的测定

一、实验目的

1. 掌握　独立设计实验的方法；加速实验法。

2. 熟悉 影响药物稳定性的因素。

3. 了解 药物含量测定方法。

二、实验原理

药品的稳定性是指原料药及制剂保持其物理、化学、生物学和微生物学性质的能力。稳定性研究贯穿药品研究与开发的全过程，一般始于药品的临床前研究，在药品临床研究期间和上市后还应继续进行稳定性研究。我国《化学药物稳定性研究技术指导原则》中详细规定了样品的考察项目、考察内容以及考察方法，不仅为药品的生产、包装、贮存、运输条件和有效期的确定提供了科学依据，而且保障了药品使用的安全有效性。

在药品稳定性研究中，原药含量是考察项目之一，一般以原药量降低 10%（特殊规定外）的时间定为药物贮存有效期。在实验工作中，通常需要快速有效的方法预测药物制剂的稳定性，从而为进一步研究工作提供基础。

本设计实验要求学生自己查阅相关文献，结合实验室的实际情况，选择合适的实验方法，自主设计实验方案，独立完成实验操作和数据处理，对某一药物的贮存有效期进行预测。

1. 药物选择用金霉素水溶液（pH 6）或维生素 C 注射液。

2. 查阅相关文献，了解药物性质和特点。了解和借鉴他人研究金霉素水溶液或维生素 C 注射液化学稳定性的方法。文献查阅时使用的关键词（供参考）：金霉素、维生素 C、稳定性、有效期。

3. 找到合适的分析方法，为动力学研究提供基础。

4. 通过升温加速实验，预测药物稳定性。利用快速实验得到的数据计算正常条件下药物的贮存有效期。

5. 设计实验方案时，应充分注意安全和实验室的条件。

三、仪器与药品

仪器 UV9100 紫外－可见分光光度计，超级恒温水浴，各种常用玻璃仪器

药品 金霉素水溶液（pH 6），维生素 C 注射液，其他常用试剂

四、实验报告

实验报告应包括实验设计的基本思想、实验方法和实验步骤、原始数据记录、实验数据的处理方法和实验结果，依据实验方案和结果自行设计的讨论项目（应包括对实验设计的评价、影响实验结果的因素、实验中出现的问题和可能的原因、实验方案改进的设想以及参考文献等。

五、实验要求

1. 利用各种检索工具查阅相关文献并做出较为详细的摘录。

2. 参考相关文献，通过本人的综合思考，拟定详细的实验方案，并独立实施。

3. 对实验结果进行详细的归纳总结。

实验二十六 中药的离子透析

一、实验目的

1. 掌握 电导率仪的使用。
2. 熟悉 离子透析的原理。
3. 了解 皮肤给药治疗疾病的原理。

二、实验原理

近年来采用中药通过离子透析的方式治疗疾病是临床上常用的方法,此法对某些疾病的疗效显著,在治疗中无不适,易于被患者所接受。

该法的治疗原理是在电场的作用下,药液中的离子向电性相反的电极迁移,离子在迁移过程中透过皮肤进入机体,达到治疗目的。因此,凡是起到治疗作用的离子,都必须能透过皮肤,否则达不到治疗疾病的效果。可见,只有有效成分可以解离成粒径不大于1nm的离子的药物才能通过离子透析的方法治疗。

本实验的原理是选择合适孔径的半透膜作为透析袋,模拟皮肤的结构。通过测定透析袋外水溶液的电导率变化情况,模拟中药离子透析的原理和过程。皮肤是半透膜,人造的火棉胶也是半透膜,其特点是允许某些离子自由通过,而有些离子如高分子离子则不能通过。其通透性和皮肤相似,因此本实验用火棉胶代替皮肤进行实验。

三、仪器与药品

仪器 电泳仪1台,直流稳压电源1台,电导率仪1台,烧杯(500ml)3个,烧杯(50ml)5个,量筒(50ml)1个
药品 当归、黄芪、二花、透析袋

四、实验操作

1. 测定自来水的电导率 将30ml自来水装入50ml烧杯中,测定其电导率。
2. 测定蒸馏水的电导率 将30ml蒸馏水装入50ml烧杯中,测定其电导率。
3. 药液的制备 取10g当归置于500ml烧杯中,加入100ml蒸馏水煎煮30min,过滤,取滤液备用。同法分别制备黄芪和二花煎煮液。

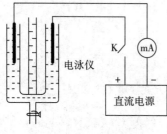

图2-34 实验装置

4. 药液电导率的测定 将30ml当归煎煮液装入50ml烧杯中,冷却至室温测定其电导率。同法分别测定黄芪和二花煎煮液的电导率。

5. 中药离子透析液电导率的测定 在制备好的2个半透膜袋中装入约3ml的当归煎煮液,分别放入已注入一定量蒸馏水的电泳仪中(图2-34),使液面距电泳仪管口约3cm,于不同时间(0min、5min、10min、15min、20min、

25min、30min）测定其无电场时的电导率。然后将两电极插入电泳仪两侧的支管中，按图2-34接好线路，接通电源，测定与上述无电场条件下相同时间间隔的电导率。用同样的方法分别测定黄芪和二花的电导率。

五、数据记录和处理

1. 记录实验数据并填入表2-37、表2-38和表2-39中。

表2-37　五种不同液体的电导率

样品名称	自来水	蒸馏水	当归煎煮液	黄芪煎煮液	二花煎煮液
电导率（S/m）					

表2-38　无电场透析时电泳仪中蒸馏水的电导率

时间（min）	当归的电导率（S/m）	黄芪的电导率（S/m）	二花的电导率（S/m）
0			
5			
10			
15			
20			
25			
30			

表2-39　有电场透析时电泳仪中蒸馏水的电导率

时间（min）	当归的电导率（S/m）	黄芪的电导率（S/m）	二花的电导率（S/m）
0			
5			
10			
15			
20			
25			
30			

2. 根据表2-38和表2-39中记录的数据，绘制电导率随时间变化的关系曲线，并分析描述其变化规律。

六、注意事项

1. 实验过程中，谨防半透膜袋子漏液影响实验结果。
2. 本实验为定性实验，药材煎煮时间和半透膜中装入药液的量无需准确定量。

七、思考题

为什么皮肤给药能起到治疗疾病的效果?

八、预习要求

1. 复习渗透和渗透平衡的概念,了解离子透析的原理。
2. 了解电导率仪的使用。

第三章

常用仪器使用

一、温度计

（一）水银温度计的使用

水银温度计是常用的测量工具，其结构简单，价格便宜，具有较高的精确度，使用方便，但易损坏。水银温度计的使用范围为 $-35 \sim 360℃$（水银的熔点是 $-38.7℃$，沸点 $356.7℃$），若采用石英玻璃，并充以氮气，可将上限温度提高至 $800℃$。使用水银温度计时应注意：读数时水银柱液面刻度和眼睛应该同在一个水平面上，以防止视差带来的影响。温度计应尽可能垂直放置，以免受温度计内部水银压力不同而引起误差；防止骤冷骤热，以免引起破裂和变形，防止强光等辐射直接照射水银球。

水银玻璃温度计很容易损坏，使用时应严格遵守操作规程，尽量避免不合规定的操作。万一温度计损坏，内部水银洒出，应严格按"汞的安全使用规程"处理。

（二）贝克曼温度计的构造及调节使用方法

在物理化学实验中，常常需要对体系的温度进行精确的测量，如燃烧热的测定、恒温槽性能测试及凝固点降低法测定相对分子量等均要求温度测量精确到 $0.01℃$。然而普通温度计不能达到如此精确度，需用贝克曼温度计进行测量。

1. 特点　贝克曼温度计也是水银温度计的一种，其结构如图 3-1 所示。它的主要特点如下。

（1）刻度精细，最小刻线间隔为 $0.01℃$，用放大镜可以估读至 $0.002℃$，测量精密度较高。

（2）一般只有 $0 \sim 5℃$ 或 $0 \sim 6℃$ 的刻度范围，所以量程较短。

（3）与普通水银温度计不同，它的毛细管的上端加装了一个水银贮管（水银球与贮管由均匀的毛细管连通，其中除水银外是真空）用来调节水银球中的水银量，所以可在不同的温度范围应用。

（4）由于水银球中的水银量是可变的，因此，水银柱的刻度值就不是温度的绝对读数，只能在量程范围内读出温度间的差值 ΔT。

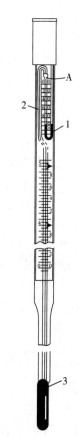

图 3-1　贝克曼温度计
1. 水银贮槽；2. 毛细管；
3. 水银球

2. 温度量程的调节　贝克曼温度计的调节有两种方法，这里主要介绍恒温浴调节法，操作步骤如下。

（1）首先必须确定所使用的温度范围。例如测量水溶液的凝固点降低时，希望能读出 1~5℃之间的温度读数，而测量水溶液的沸点升高时，则希望能读出 99~105℃之间的温度读数。

（2）根据使用范围，估计当水银柱升至弯头点处的温度值。一般的贝克曼温度计，水银柱由刻度最高处上升至毛细管末端，还需再提高2℃左右。根据这个估计值来调节水银球中的水银量。例如测定水的冰点降低时，刻度4要调节为0℃，那么毛细管末端温度相当于3℃。

（3）将贝克曼温度计浸在温度较高的水中，使毛细管内的水银柱升至毛细管末端 A 处，并在球形出口处形成滴状，然后从水中取出温度计，并将其倒置，即可使它与贮槽 1 中的水银相连接。

（4）另用一恒温浴，温度调至毛细管末端所需温度，把贝克曼温度计置于该恒温浴中，恒温 3min 以上。

（5）取出温度计，以右手紧握它的中部，使它近垂直，用左手轻击右小臂，水银柱即可在毛细管末端 A 处断开。温度计从恒温浴中取出后，由于温度的差异，水银体积会迅速变化，因此这一调整步骤要求迅速、轻快，但不必慌乱，以免造成失误。

（6）将调节好的温度计置于欲测温度的恒温浴中，观察读数值，并检查量程是否符合要求。例如在凝固点降低的实验中，可用0℃的冰予以检验，如果温度值落在 3~5℃处，意味着量程合适。如果偏差过大，则应按上述步骤重新调节。

3. 使用注意事项

（1）贝克曼温度计属于较贵重的玻璃仪器，由薄玻璃制成，并且毛细管较长，易受损坏，所以一般只应放置三处：①安装在使用仪器上；②放置在温度计盒中；③握在手中，不应任意搁置。

（2）调节时，注意勿让它受剧热或骤冷，以防止温度计破裂。另外，操作时动作不可过大，避免重击，要与实验台保持一定距离，以免触到实验台上损坏温度计。

（3）在调节时，如温度计下部水银球之水银与上部贮槽中的水银始终不能相接时，应停下来，检查一下原因。不可一味地对温度计升温，致使下部水银过多地导入上部贮槽中。调节好的温度计，注意勿使毛细管中的水银再与贮管中的水银相接。

二、电导率仪

电导率用于表达溶液的导电能力，等于电阻率的倒数，单位为 S/m（西门子/米）或 mS/m。测量时，将两个对电极组成的电解池（通常为铂电极或铂黑电极）完全浸没在溶液中，测定两电极间的电阻 R，根据电极面积 A（cm^2）及极间距离 l（cm），即可得到溶液的电导率：

$$\kappa = \frac{1}{\rho} = \frac{l}{A} \cdot \frac{1}{R} = K_{cell} \cdot \frac{1}{R}$$

式中，ρ 为电阻率；l/A 称电导池常数，用 K_{cell} 表示，单位 m^{-1}。由于电极面积 A 与两电极的间距 l 是很难测量的，故通常把已知电阻率的溶液（常用一定浓度的 KCl 溶液）注入电导池，即可确定 l/A 值。

溶液的电导率取决于溶液中带电离子的性质、浓度以及溶液的温度和黏度等。新蒸馏水电导率为 0.05 ~ 0.2mS/m，存放一时间后，由于空气中的二氧化碳或氨的溶入，电导率可上升至 0.2 ~ 0.4 mS/m；饮用水电导率在 5 ~ 150mS/m 之间；海水电导率大约为 3000mS/m；清洁河水电导率约为 10mS/m。电导率随温度变化而变化，温度每升高 1℃，电导率增加 2%，通常规定 25℃ 为测定电导率的标准温度。

电导率仪适用于测定水溶液的电导率，广泛应用于石油化工、生物医药、化学工业、污水处理、环境监测等行业，若配用适当常数的电导电极，还可用于测量电子半导体、核能工业、电厂纯水或高纯水的电导率。电导率仪由电导电极和电子单元组成。仪器中配有温度补偿系统、电导池常数调节系统以及自动换档功能等。

SLSD 电导率仪的面板如图 3 - 2 所示，其使用方法如下。

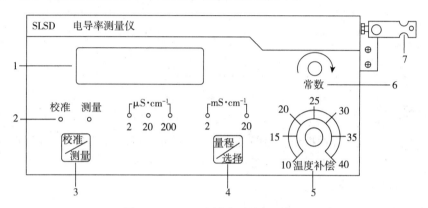

图 3 - 2　SLSD 电导率测量仪面板图

1. 显示窗口；2. 状态指示灯；3. 功能键：校准/测量转换；4. 量程转换：按此键量程从 20μS/cm…2μS/cm 循环切换量程；5. 温度补偿：手动温度补偿；6. 常数调节旋钮：调节显示相应数值；7. 电极支架

（1）将电极插头插入电极插座（插头、插座上的定位销对准后，按下插头顶部即可），接通仪器电源，仪器处于校准状态，校准指示灯亮。让仪器预热 15min。

（2）用温度计测出被测液的温度后，将"温度补偿"旋钮的标志线置于被测液的实际温度相应位置，当"温度补偿"旋钮置于 25℃ 位置时，则无补偿作用。

（3）调节"常数"旋钮，使仪器所显示值为所用电极的常数值。

例如，电极常数为 0.92，调"常数"旋钮使显示 9200，若常数为 1.10，调"常数"旋钮使显示 11000（忽略小数点）。

当使用常数为 10 电极时，若其常数为 9.6，调节"常数"旋钮使显示 960，若常数为 10.7，调"常数"旋钮使显示 1070。

当使用常数为 0.01 电极时，将"常数"旋钮调在显示 1000 位置。当使用 0.1 的电极时，若常数为 0.11，调"常数"旋钮使显示 1100，依此类推。

（4）按"测量/转换"键，使仪器处于测量状态（测量指示灯亮），待显示值稳定后，该显示数值即为被测液体在该温度下的电导率值。

测量中，若显示屏显示为"OUL"，表示被测值超出量程范围，应置于高一档量程来测量，若读数很小，则置于低一档量程，以提高精度。

（5）测量高电导的溶液，若被测溶液的电导率高于 20μS/cm 时，应选用 DJS - 10 电极，此时量程范围可扩大到 200μS/cm，（20μS/cm 档可测至 200μS/cm，2μS/cm 档可测至 20μS/cm，但显示数须乘 10）。

测量纯水或高纯水的电导率，宜选 0.01 常数的电极，被测值 = 显示数 × 0.01。也可用 DJS - 0.1 电极，被测值 = 显示数 × 0.1。被测液的电导率，低于 $30\mu S/cm$，宜选用 DJS - 1 光亮电极。电导率高于 $30\mu S/cm$，应选用 DJS - 1 铂黑电极。

（6）仪器可长时间连续使用，可用输出讯号（$0 \sim 10mV$）外接记录仪进行连续监测，也可选配 RS232C 串口，由电脑显示监测。

表 3 - 1　电导率范围及对应电极常数推荐表

电导率范围（$\mu S/cm$）	电阻率范围（$\Omega \cdot cm$）	推荐使用电极常数（cm^{-1}）
0.05 ~ 2	20M ~ 500K	0.01,　0.1
2 ~ 200	500K ~ 5K	0.1,　1.0
200 ~ 2000	5K ~ 500	1.0
2000 ~ 20000	500 ~ 50	1.0,　10
$2 \times 10^4 \sim 2 \times 10^5$	50 ~ 5	10

三、旋光仪

旋光性物质使偏振光的振动平面偏转的角度叫做旋光度。通过旋光度的测定，不仅可以鉴定旋光性物质，而且可以检测其纯度及含量。

（一）手动旋光仪

1. 手动旋光仪的构造与工作原理　仪器外形如图 3 - 3 所示。

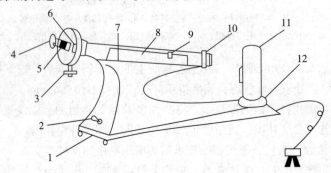

图 3 - 3　手动旋光仪外形

1. 底座；2. 电源开关；3. 度盘转动手轮；4. 目镜；5. 调焦手轮；6. 度盘及游标；7. 镜筒；

8. 镜筒盖；9. 镜盖手柄；10. 起偏镜；11. 灯罩；12. 灯座

旋光仪的光学系统以倾斜 20° 安装在基座上，以便于操作。光源采用 20W 钠光灯（波长 589nm），其光路示意图如图 3 - 4 所示。

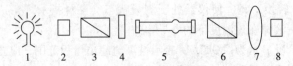

图 3 - 4　旋光仪光路示意图

1. 钠光灯；2. 透镜；3. 起偏振镜；4. 石英片；5. 样品管；6. 检偏振镜；7. 刻度盘；8. 目镜

光路中有两块尼科尔（Nicol）棱镜，其中起偏镜用来产生偏振光，即只在垂直于传播方向的某一方向上振动的光。当一束自然光以一定角度进入尼科尔棱镜（由两块直角棱镜组成，两棱镜直角边用加拿大树胶粘合起来）后，分解成两束振动面相互垂直的偏振光（图 3-5）。由于折射率不同，两束光经过第一块棱镜到达该棱镜与加拿大树胶层的界面时，折射率大的一束光被全反射，并被棱镜框子上的黑色涂层吸收。另一束光可以透过第二块直棱镜，从而得到一束单一的平面偏振光。另一块尼科尔棱镜是可旋转的，叫作检偏镜。当一束平面偏振光射到该棱镜上时，若棱镜的主截面与光的偏振面平行，即可全通过；若二者垂直，光被全反射；当二者的夹角从 0°转到 90°，则透过棱镜的光强度发生衰减。因此，检偏镜可以检测偏振光的偏振面方向。

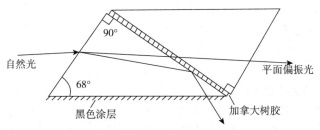

图 3-5 尼科尔棱镜起偏振原理图

在不放样品的条件下，将检偏镜转到其主截面与起偏镜主截面垂直的位置，偏振光被全反射，在目镜中观察到的视野是暗的。此时若在两棱镜之间放入装有旋光性物质的样品管，则偏振光经过样品管时，偏振面被旋转了一个角度，光的偏振面不再与检偏镜的主截面垂直，这样目镜中的视野不再是最暗的。欲使其恢复最暗，必须将检偏镜旋转与光偏振面转过同样角度，这个角度可以在与检偏镜同轴旋转的刻度盘上读出。这个值就是样品的旋光度。

为提高测量的准确度，旋光仪中设计了一种三分视野：在起偏镜后的光路正中装一具有旋光性的狭长石英片（其宽度约占圆形视野直径的 1/3），使透过它的偏振光的偏振面旋转一小角度 φ（约为 2°~3°），于是，视野被石英片隔成三部分，中间部分的偏振光与两侧偏振光的偏振面相差一个角度 φ。在图 3-6 中，光传播方向垂直纸面，以 AA 和 BB 分别表示两侧和中间部分偏振光的偏振面，NN 表示检偏镜的主截面，虚线 CC、DD 是 AA 和 BB 两交面的两个角平分面。当调节 NN 到 CC 的位置时，NN 与 AA、BB 的夹角相等且接近 90°，所以视野中三部分亮度相同且较暗，成为较暗的均匀视野，称等暗面，如图 3-6（c）所示。当 NN 顺时针偏离 CC 一极小角度 $\varphi/2$（1°~1.5°），NN 便与 BB 垂直，同时与 AA 的锐夹角略有减小，使得中间部分光线全被反射而两侧光线有所增强，出现图 3-6（a）所示的三分视野。同理，当 NN 逆时针稍稍偏离 CC 时，两侧光线将全被反射而中间光线有所增强，视野如图 3-6（b）所示。由于 CC 这个位置相当敏感，所以就以在视野中找到等暗面为标准，来检测偏振面的旋转角度：在旋光管中放入蒸馏水时调出等暗面，刻度盘上的值定为零；在旋光管中放入待测样品后再调等暗面，刻度盘上的值即为样品的旋光度。

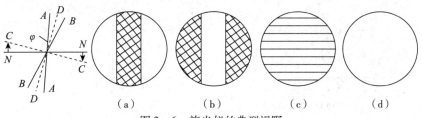

图 3-6 旋光仪的典型视野

当检偏镜主截面 NN 逐渐远离 CC 位置时，NN 与 AA 和 BB 的锐夹角都变小，使得视野中三部分都变得明亮起来；同时，由于这两个锐夹角只相差 2°~3°，故这三部分的明暗差异随着光强度的增加而越来越模糊以至难以辨别。当 NN 达到 DD 位置时，NN 与 AA 和 BB 的夹角又相等且接近于零，故三部分的亮度又相同且相当明亮，这时的视野如图 3-6（d）所示，称等亮面。等亮面的位置极不敏感，注意在测定时不要误当成等暗面。

2. 手动旋光仪的使用方法

（1）将仪器接于 220V 交流电源，开启电源开关，约 5min 后，钠光灯发光正常，即可开始工作。

（2）检查仪器零点是否准确。即在仪器未放进旋光管或放进充满蒸馏水的旋光管时，观察刻度显示零度时，视场内三分视野亮度（确切讲是暗度）是否相等。如不等，说明有零点误差。应微调至视场内三分视野暗度相等，此时读出的值即为零点偏差值，应在测量读数中减去（或加上）该偏差值。

（3）选取长度适宜的旋光管，注满待测溶液，装上橡皮圈，旋上螺帽，直至不漏液为止（螺帽不宜旋得太紧）。然后将旋光管两头残余液用镜头纸擦干，以免影响观察清晰度及测量精度。注入待测液后，若有小气泡，应将气泡赶至旋光管的凸肚处，以免影响测量精度。

（4）将装满待测液的旋光管放入仪器的旋光管筒内，合上盖，先调目镜焦距使视野清晰，再调节刻度盘手轮使检偏镜旋转，找到等暗面，读取刻度值，即样品的旋光度。

为提高读数精度，仪器装有左、右两个游标读数窗口，分别读数后取平均值以消除刻度盘偏心差。读数窗口上装有 4 倍放大镜。读数时先找出游标零刻度对着的刻度盘读数（刻度盘上每格为 1.0°），再找出游标刻线与刻度盘刻线对齐的位置，读游标读数（游标上每格 0.05°），两数合在一起就是旋光度值。

3. 注意事项

（1）仪器应放在通风干燥、温度适宜的地方，注意仪器清洁，平时要用防尘罩盖好，使用前用镜头纸擦拭镜头。

（2）仪器连续使用时间不宜超过 4h，使用时间过长，中间应关熄 10~15min，待钠光灯冷却后再继续使用，或用电风扇吹，减少灯管受热程度，以免亮度下降或寿命降低。

（3）旋光管用后要及时将溶液倒出，用蒸馏水洗干净并晾干，所有镜片只能用镜头纸擦拭，不能直接用手擦。仪器金属部分切忌沾污酸碱。

（二）自动旋光仪

1. 自动旋光仪结构及测试原理　以 WZZ-1 自动旋光仪为例，其控制面板如图 3-7 所示。

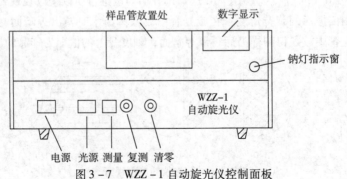

图 3-7　WZZ-1 自动旋光仪控制面板

目前国内生产的旋光仪，其三分视野检测、检偏镜角度的调整采用光电检测器，通过电子放大及机械反馈系统自动进行，最后数字显示，这种仪器具有体积小、灵敏度高、读数方便、减少人为观察三分视野明暗度相等时产生的误差，对低旋光度样品也能适应的优点。WZZ-1自动旋光仪结构原理如图3-8所示。

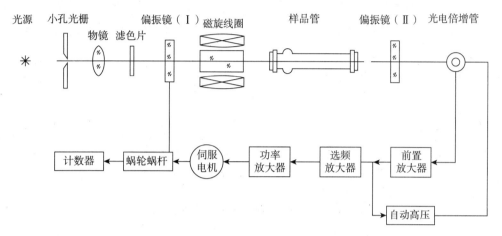

图3-8 自动旋光仪结构原理示意图

该仪器以20W钠光灯作光源，由小孔光栅和物镜组成1个简单的光源平行光管，平行光经偏振镜（Ⅰ）变为平面偏振光，当偏振光经过有法拉第效应的磁旋线圈时，其振动面产生50Hz的一定角度的往复摆动。通过样品后偏振光振动面旋转1个角度，光线经过偏振镜（Ⅱ）投射到光电倍增管上，产生交变的电讯号，经功率放大器放大后显示读数。仪器示数平衡后，伺服电机通过蜗轮蜗杆将偏振镜（Ⅰ）反向转过1个角度，补偿了样品的旋光度，仪器回到光学零点。

2. WZZ-1型自动旋光仪的使用方法

（1）接通电源后，打开电源开关和光源开关，此时钠光灯应启亮，预热5min，待钠光灯发光稳定后再工作。

（2）打开测量开关，这时数码管应有数字显示。

（3）将装有蒸馏水的旋光管放入样品室，盖上箱盖，待示数稳定后，按清零按钮。旋光管安放时应注意标记的位置和方向。

（4）用待测液润洗旋光管后，将待测液注入旋光管，按相同的位置和方向放入样品室内，正确测量样品的旋光度。

（5）对于平衡态的体系，重复读数，取平均值作为样品的测定结果。

（6）仪器使用完毕后，应依次关闭测量、光源、电源开关。

四、DP-AF饱和蒸气压测定装置

（一）仪器的安装

将各实验仪器按图3-9实验装置示意图连接。要求：橡胶管与管路接口装置、玻璃仪器、数字压力计等相互连接时，以不漏气为原则，保证实验系统的气密性。无冷阱则用橡胶管将冷阱两端短路连接。

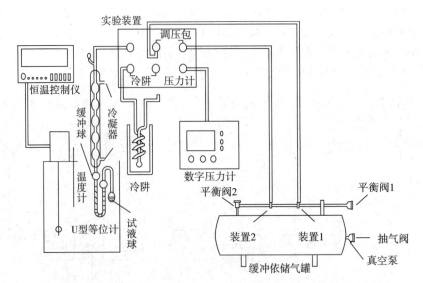

图 3-9　饱和蒸气压实验装置示意图

（二）缓冲储气罐的气密性检查及使用方法

1. 缓冲储气罐的气密性检查

（1）用橡胶管将抽气阀与真空泵、装置 1 接口与数字压力表分别连接，装置 2 接口用堵头封闭。

（2）气密性检查

①启动真空泵后，打开抽气阀、平衡阀 2，关闭平衡阀 1（三阀均为顺时针关闭，逆时针开启）。数字压力表的显示值即为压力罐中的压力值。

②关闭真空泵后，关闭抽气阀。观察数字压力表，若显示数字下降值在标准范围内（小于 0.01kPa/s），说明整体气密性良好。否则需查找并清除漏气原因，直至合格。

2. 缓冲储气罐的使用方法　经气密性检查，无漏气，方可进行实验操作：

（1）启动真空泵，稍后打开抽气阀，关闭平衡阀 1 与平衡阀 2，数字压力计显示压力罐中的压力值。

（2）减压结束后，依次关闭抽气阀和真空泵，缓慢地调节平衡阀 2 和平衡阀 1，直至得到实验所需压力值。利用平衡阀 2 和平衡阀 1，可得到实验过程中所需不同压力值。

（三）精密数字压力计的气密性检查及使用方法

1. 预压及气密性检查　继续将缓冲储气罐装置 2 接口用堵头封闭，用平衡阀 2 缓慢减压至满量程，观察数字压力表示数变化情况，若 1min 内显示值稳定，说明传感器及压力计本身无泄漏。确认无泄漏后，泄压至零，并在全量程反复预压 2~3 次，方可正式测试。

2. 采零　泄压至零，使压力传感器与大气相通，按一下采零键，以消除仪表系统的零点漂移，此时 LED 显示"0000"，重复 2~3 次。

3. 压力选择　将正负压力选择开关置于"负压"位置，测定时显示板显示值即为所测压力值（压力表读数单位为 kPa）。

4. 测试　仪表采零后连接实验系统，即将缓冲储气罐装置 2 接口与实验系统连接，此时仪表显示实验系统的压力值。

5. 关机　应使测量系统与大气相通后方可关机。

五、阿贝折射仪

（一）构造原理

阿贝折射仪（也称阿贝折光仪）是根据光的全反射原理设计的，它利用全反射临界角的测定方法测定未知物质的折光率，可定量地分析溶液中的某些成分，检验物质的纯度。

众所周知，光从一种介质进入另一种介质时，在界面上将发生折射，如图 3-10 所示。根据光的折射定律，对任何 A、B 两种介质，在一定波长和一定外界条件下，光的入射角 i 和折射角 r 的正弦值之比等于 A、B 两种介质的折射率之比的倒数，即

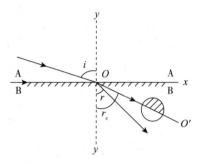

图 3-10　光的折射

$$\frac{\sin i}{\sin r} = \frac{n_B}{n_A}$$

式中，n_A 和 n_B 分别为 A 与 B 两介质的折光率。如果 $n_A < n_B$，则折射角 r 必小于入射角 i。当入射角增大到 90°时，折射角也相应增大到最大值 r_c，r_c 称为临界角。此时，介质 B 中从 Oy 到 OO' 之间有光线通过，为明亮区，而 OO' 到 Ox 之间无光线通过，为暗区。透过棱镜的光线经过消色散棱镜和聚焦透镜，最后在目镜中便呈现了一个清晰的明暗各半的图像。临界角 r_c 决定了半明半暗分界线的位置。当入射角 i 为 90°时，由式 $\frac{\sin i}{\sin r} = \frac{n_B}{n_A}$ 得

$$n_A = n_B \sin r_c$$

由此得出，如固定一种介质时，临界角 r_c 的大小与被测物质的折射率呈简单的函数关系，阿贝折射仪就是根据这个原理而设计的。

图 3-11 是阿贝折射仪光学系统的示意图。它的主要部分是由两块折射率为 1.75 的玻璃直角棱镜构成。辅助棱镜的斜面是粗糙的毛玻璃，测量棱镜是光学平面镜。可以测量折射率小于 1.75 的样品。两块棱镜之间有 0.1~0.15mm 厚度空隙，用于装待测液体，并使液体展开成一薄层。当光线经过反光镜反射至辅助棱镜的粗糙表面时，发生漫散射，以各种角度透过待测液体，因而从各个方向进入测量棱镜而发生折射。因为棱镜的折射率大于待测液体的折射率，因此入射角从 0~90°的光线都通过测量棱镜发生折射，且折射光都落在临界角 r_c 之内。具有临界角 r_c 的光线从测量棱镜出来，再经过阿密西（Amici）棱镜组反射到目镜上，此时若将目镜十字线调节到适当位置，则会看到目镜上呈半明半暗状态。由于折射光都落在临界角 r_c 内，则成为亮区，其他为暗区，构成了明暗分界线。

一类折射仪是由望远系统和读数系统两部分组成，分别由测量镜筒和读数镜筒进行观察，属于双镜筒折光仪，例如 2W 型阿贝折射仪（图 3-12）。另一类折射仪是将望远系统与读数系统合并在同一个镜筒内，通过同一目镜进行观察，属单镜筒折射仪，例如 2WA-J 型折射仪（图 3-13）。

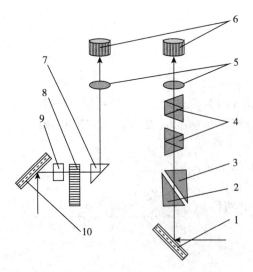

图 3 – 11 阿贝折射仪光学系统

1. 反光镜；2. 辅助棱镜；3. 测量棱镜；4. 消
色散棱镜；5. 聚焦棱镜；6. 目镜；7. 反射镜；
8. 刻度盘；9. 读数盘采光窗；10. 反光镜

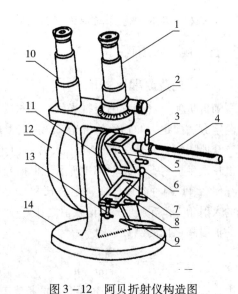

图 3 – 12 阿贝折射仪构造图

1. 测量镜筒；2. 消色散手轮；3. 恒温器接头；4. 温
度计；5. 测量棱镜；6. 铰链；7. 辅助棱镜；8. 加样
品孔；9. 反射镜；10. 读数镜筒；11. 转轴；12. 刻
度盘罩；13. 棱镜锁紧扳手；14. 底座

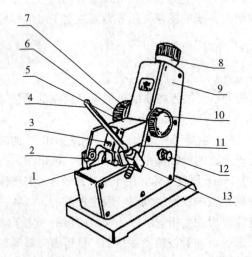

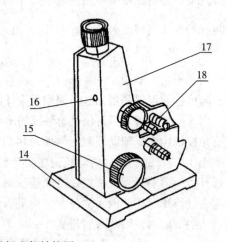

图 3 – 13 2WA – J 阿贝折光仪结构图

1. 反射镜；2. 转轴折光棱镜；3. 遮光板；4. 温度计；5. 进光棱镜；6. 消色散调节手轮；7. 色散值刻度圈；
8. 目镜；9. 盖板；10. 棱镜锁紧手轮；11. 折射棱镜座；12. 照明刻度盘聚光镜；13. 温度计座；14. 底座；
15. 刻度调节手轮；16. 调节物镜螺丝孔；17. 壳体；18. 恒温器接头

（二）2WA – J 阿贝折射仪的操作方法

1. 准备工作 将折射仪与恒温水浴连接（不必要时，可不用恒温水），调节所需要的
温度（一般恒温在 $20.0℃ \pm 0.2℃$），同时检查保温套的温度计是否准确。打开直角棱镜，
用擦镜纸蘸少量 95% 乙醇或丙酮轻轻擦洗上、下镜面，晾干后方可使用。

2. 仪器校准 对折射棱镜的抛光面加 1～2 滴 1 – 溴代萘，把标准玻璃块贴在折光棱镜
抛光面上，当读数视场指示于标准玻璃块上的折射率时，观察望远镜内明暗分界线是否在

十字线中间，若有偏差，则用螺丝刀微量旋转物镜调节螺丝孔（图 3 - 13）中的螺丝。使分界线和十字线交点相合。

3. 样品测量 将被测液体用干净滴管滴加在折射镜表面，并将进光棱镜盖上，用棱镜锁紧手轮（图 3 - 13）锁紧，要求液层均匀，充满视场，无气泡。打开遮光板，合上反射镜，调节目镜视度，使十字线成像清晰，此时旋转折射率刻度调节手轮，并在目镜视场中找到明暗分界线的位置。若出现彩带，则旋转色散调节手轮，使明暗界线清晰。再调节折射率刻度调节手轮，使分界线对准十字线交点。再适当转动刻度盘聚光镜，此时目镜视场下方显示的示值即为被测液体的折射率。

（三）注意事项

1. 折光棱镜必须注意保护，不能在镜面上造成划痕，不能测定强酸、强碱及有腐蚀性的液体，也不能测定对棱镜、保温套之间的黏合剂有溶解性的液体。

2. 在每次使用前应洗净镜面；在使用完毕后，也应用丙酮或 95% 乙醇洗净镜面，待晾干后再关上棱镜。

3. 仪器在使用或贮藏时均不得曝于日光中，不用时应放入木箱内，木箱置于干燥地方。放入前应注意将金属夹套内的水倒干净，管口要封起来。

4. 测量时应注意恒温温度是否正确。如欲测准至 ± 0.0001，则温度变化应控制在 ± 0.1℃的范围内。若测量精度不要求很高，则可放宽温度范围或不使用恒温水。

5. 阿贝折射仪不能在较高温度下使用；对于易挥发或易吸水样品测量比较困难；对样品的纯度要求较高。

附　录

附录Ⅰ　国际单位制（SI）的基本单位

量的名称	单位名称	符号	
		中文	国际
长度	米	米	m
质量	千克（公斤）	千克（公斤）	kg
时间	秒	秒	s
电流	安［培］	安	A
热力学温度	开［尔文］	开	K
发光强度	坎［德拉］	坎	cd
物质的量	摩［尔］	摩	mol

附录Ⅱ　物理化学基本常数

量的名称	符号	数值	单位（SI）
真空中的光速	c	2.99792458×10^8	m/s
电子电荷	e	$1.602176487 (40) \times 10^{-19}$	C
阿伏伽德罗常数	N_A、L	$6.02214179 (30) \times 10^{23}$	mol^{-1}
原子质量单位	u	$1.660538782 (83) \times 10^{-27}$	kg
电子静质量	m_e	$9.10938215 (45) \times 10^{-31}$	kg
质子静质量	m_p	$1.672621637 (83) \times 10^{-27}$	kg
法拉第常数	F	$9.64853399 (24) \times 10^4$	C/mol
普朗克常数	h	$6.62606896 (33) \times 10^{-34}$	J·s
里德伯常数	R_∞	$1.0973731568527 (73) \times 10^7$	m^{-1}
玻尔磁子	u_B	$9.27400915 (23) \times 10^{-24}$	J/T
摩尔气体常数	R	$8.314472 (15)$	J/（K·mol）
玻尔兹曼常数	k	$1.3806504 (24) \times 10^{-23}$	J/K
万有引力常数	G	$6.67428 (67) \times 10^{-11}$	$N·m^2/kg^2$
重力加速度	g	9.80665	m/s^2
真空介电常量	ε_0	$8.854187817 \times 10^{-12}$	F/m

附录 Ⅲ　一些物质的蒸气压

物质的蒸气压按下式计算：

$$\lg p = A - \frac{B}{C + t}$$

式中，p 为蒸气压（mmHg）；A、B、C 为常数；t 为摄氏温度（℃）

名称	分子式	温度范围（℃）	A	B	C
三氯甲烷	$CHCl_3$	−35 ~ 61	6.4934	929.44	196.03
乙醇	C_2H_6O	−2 ~ 100	8.32109	1718.10	237.52
丙酮	C_3H_6O	液态	7.11714	1210.595	229.664
醋酸	$C_2H_4O_2$	液态	7.38782	1533.313	222.309
乙酸乙酯	$C_4H_8O_2$	−15 ~ 76	7.10179	1244.95	217.88
苯	C_6H_6	8 ~ 103	6.90565	1211.033	220.790
甲苯	C_7H_8	−20 ~ 150	6.95464	1344.800	219.482
乙苯	C_8H_{10}	26 ~ 164	6.95719	1424.255	213.21
水	H_2O	0 ~ 60	8.10765	1750.286	235.0
水	H_2O	60 ~ 150	7.96681	1668.21	228.0
汞	Hg	100 ~ 200	7.46905	2771.898	244.831
汞	Hg	200 ~ 300	7.7324	3003.68	262.482

附录 Ⅳ　不同温度下水的一些物理性质

t（℃）	黏度/厘泊[①]	表面张力[②]（10^{-3}N/m）	折射率[③]	密度（kg/m³）
10	1.3077	74.22		999.6996
11	1.2713	74.07		999.6051
12	1.2363	73.93		999.4974
13	1.2028	73.78		999.3771
14	1.1709	73.64	1.33348	999.2444
15	1.1404	73.49	1.33341	999.0996
16	1.1111	73.34	1.33333	998.9430
17	1.0828	73.19		998.7749
18	1.0559	73.05	1.33317	998.5956

t（℃）	黏度/厘泊①	表面张力②（10^{-3}N/m）	折射率③	密度（kg/m³）
19	1.0299	72.90		998.4052
20	1.0050	72.75	1.33299	998.2041
21	0.9810	72.59		997.9925
22	0.9579	72.44	1.33281	997.7705
23	0.9358	72.28		997.5385
24	0.9142	72.13	1.33262	997.2965
25	0.8937	71.97		997.0449
26	0.8737	71.82	1.33241	996.7837
27	0.8545	71.66		996.5132
28	0.8360	71.50	1.33219	996.2335
29	0.8180	71.35		995.9448
30	0.8007	71.18	1.33192	995.6473
31	0.7840			995.3410
32	0.7679		1.33164	995.0262
33	0.7523			994.2030
34	0.7371		1.33136	994.3715
35	0.7225	70.38		994.0319
36	0.7085		1.33107	993.6842
37	0.6947			993.3287
38	0.6814		1.33079	992.9653
39	0.6685			992.5943
40	0.6560	69.56	1.33051	992.2158

注：①厘泊 = 10^{-3}Pa·s；②水和空气界面上的表面张力；③相对于空气；钠光波长 589.3nm。

附录Ⅴ 一些有机化合物的密度与温度的关系

表中列出的有机化合物的密度计算公式为：

$$\rho_t = \left[\rho_0 + at \times 10^{-3} + \beta t^2 \times 10^{-6} + \gamma t^3 \times 10^{-9}\right] \pm \Delta 10^{-4}$$

式中，ρ_0 为 0℃ 的密度；ρ_t 为 t℃ 的密度，Δ 为误差范围。

化合物	分子式	ρ_0（g/cm³）	α	β	γ	温度范围（℃）	误差范围 Δ
四氯化碳	CCl_4	1.63255	−1.9110	−0.690		0~40	0.0002
三氯甲烷	$CHCl_3$	1.52643	−1.8563	−0.5309	−8.81	−53 ~ +55	0.0001
甲醇	CH_3OH	0.80909	−0.9253	−0.41			

化合物	分子式	ρ_0（g/cm³）	α	β	γ	温度范围（℃）	误差范围 Δ
乙醇	C_2H_5OH	0.78506	−0.8591	−0.56	−5	10～40	
丙酮	C_3H_6O	0.81248	−1.100	−0.858		0～50	0.001
乙酸甲酯	$C_3H_6O_2$	0.93932	−1.2710	−0.405	−6.09	0～100	0.001
乙酸乙酯	$C_4H_8O_2$	0.92454	−1.168	−1.95	20	0～40	0.00005
乙醚	$C_4H_{10}O$	0.73629	−1.1138	−1.237		0～70	0.0001
苯	C_6H_6	0.90005	−1.0638	−0.0376	−2.213	11～72	0.0002
酚	C_6H_5OH	1.03893	−0.8188	−0.67		40～150	0.001

附录Ⅵ 一些有机化合物的标准摩尔燃烧焓

（标准压力 $p^\ominus = 100kPa$，298.15K）

化合物	分子式	$-\Delta_c H_m^\ominus$（kJ/mol）	化合物	分子式	$-\Delta_c H_m^\ominus$（kJ/mol）
萘	$C_{10}H_8(s)$	5153.9	正戊烷	$C_5H_{12}(l)$	3509.5
蔗糖	$C_{12}H_{22}O_{11}(s)$	5640.9	吡啶	$C_6H_5N(l)$	2782.4
乙炔	$C_2H_2(g)$	1299.6	环己烷	$C_6H_{12}(l)$	3919.9
乙烯	$C_2H_4(g)$	1411.0	正己烷	$C_6H_{14}(l)$	4163.1
丙醛	$C_2H_5CHO(l)$	1816.3	邻苯二甲酸	$C_6H_4(COOH)_2(s)$	3223.5
丙酸	$C_2H_5COOH(l)$	1527.3	苯甲醛	$C_6H_5CHO(l)$	3527.9
苯甲酸	$C_6H_5COOH(s)$	3226.9	苯乙酮	$C_6H_5COCH_3(l)$	4148.9
乙胺	$C_2H_5NH_2(l)$	1713.3	苯甲酸甲酯	$C_6H_5COOH_3(l)$	3957.6
乙醇	$C_2H_5OH(l)$	1366.8	苯酚	$C_6H_5OH(s)$	3053.5
乙烷	$C_2H_6(g)$	1559.8	苯	$C_6H_6(l)$	3267.5
环丙烷	$C_3H_6(g)$	2091.5	丙二酸	$CH_2(COOH)_2(s)$	861.15
正丁酸	$C_3H_7COOH(l)$	2183.5	乙醛	$CH_3CHO(l)$	1166.4
正丙醇	$C_3H_7OH(l)$	2019.8	甲乙酮	$CH_3COC_2H_5(l)$	2444.2
丙烷	$C_3H_8(g)$	2219.9	乙酸	$CH_3COOH(l)$	874.54
环丁烷	$C_4H_8(l)$	2720.5	甲胺	$CH_3NH_2(l)$	1060.6
正丁醇	$C_4H_9OH(l)$	2675.8	甲乙醚	$CH_3OC_2H_5(g)$	2107.4
环戊烷	$C_5H_{10}(l)$	3290.9	甲醇	$CH_3OH(l)$	726.51
正戊烷	$C_5H_{12}(g)$	3536.1	甲烷	$CH_4(g)$	890.31
二乙醚	$(C_2H_5)O(l)$	2751.1	甲醛	$HCHO(g)$	570.78
丙酮	$(CH_3)_2CO(l)$	1790.4	甲酸甲酯	$HCOOCH_3(l)$	979.5
乙酸酐	$(CH_3CO)_2O(l)$	1806.2	甲酸	$HCOOH(l)$	254.6
丁二酸	$(CH_2COOH)_2(s)$	1491.0	尿素	$(NH_2)_2CO(s)$	631.66

附录Ⅶ 不同温度下 KCl 溶液（不同浓度）的电导率

t (℃)	κ (10^2 S/m)		
	0.0100mol/dm³	0.0200mol/dm³	0.1000mol/dm³
10	0.001020	0.00194	0.00933
11	0.001045	0.002043	0.00956
12	0.001070	0.002093	0.00979
13	0.001095	0.002142	0.01002
14	0.001021	0.002193	0.01025
15	0.001147	0.002243	0.01048
16	0.001173	0.002294	0.01072
17	0.001199	0.002345	0.01095
18	0.001225	0.002397	0.01119
19	0.001251	0.002449	0.01143
20	0.001278	0.002501	0.01167
21	0.001305	0.002553	0.01191
22	0.001332	0.002606	0.01215
23	0.001359	0.002659	0.01239
24	0.001386	0.002712	0.01264
25	0.001413	0.002765	0.01288
26	0.001441	0.002819	0.01313
27	0.001468	0.002873	0.01337
28	0.001496	0.002927	0.01362
29	0.001524	0.002981	0.01387
30	0.001552	0.003036	0.01412
31	0.001581	0.003091	0.01437
32	0.001609	0.003146	0.01462
33	0.001638	0.003201	0.01488
34	0.001667	0.003256	0.01513
35		0.003312	0.01539